景观设计
钢笔画教程

LANDSCAPE DESIGN
PEN DRAWING TUTORIAL

席丽莎　曹　磊　著

江苏凤凰科学技术出版社

前言

手绘表现图是为实际设计项目服务的，本书的特点在于其中的每一幅表现图均是为实际项目所画，用以表达设计师的设计构思。项目内容包括广场景观、公园景观、滨水景观、旅游区规划、居住区景观、城市复兴等设计。

作者希望将手绘表现图予以深化，去除商业化与模式化的表现，使得表现图可以深入表现设计师的空间构思，烘托设计所表达的情感。表现图以均匀、流畅、柔韧、富于弹性的线条，产生细腻的画面效果，塑造场景的层次感和空间感，烘托和渲染出不同的环境氛围，从而将设计师思维的结果物态化，以图像的方式外化出来，有益于设计师对方案的交流与理解，从而完善和深化设计。手绘表现图首先要准确地表现设计场景的空间尺度和结构关系，其次要在忠于真实景物的前提下进行取舍和概括，必要细节的描绘既能丰富画面效果，增强画面的感染力，又能充分烘托设计主题，此外，还要注意整个画面的空间层次及节奏感。

撰写此书，是希望能把景观手绘表现图的技法和实践经验带给读者。本书共四章，前三章分别介绍了景观设计手绘的意义；马克笔、彩色铅笔、水彩等不同工具的表现技法；植物、石材、木材、水景等表现图中的具体元素，第四章为 16 个景观设计项目的鸟瞰图和透视图实例。本书第一章、第二章为天津大学教授曹磊著，第三章、第四章为天津城建大学教师席丽莎著。

作者

目录

第 1 章　景观设计手绘的意义

在当今的信息时代，计算机广泛应用于各个领域，计算机辅助绘图软件已被设计行业的从业者普遍使用。但是工具是由人类制造，它最终无法取代人类大脑的创意。景观设计作为具有创造性质的工作，要求设计者依据项目的属性，以饱满的创作热情、丰富的创作灵感，脑、眼、手的默契配合，描绘出设计方案的构思及表现图。手绘表现是景观设计师的基础技能，也是设计中相互交流最便捷、直接的工具。对于设计师而言，手绘还有助于其抓住瞬间的灵感火花，在抽象思维和具象表达之间进行转换。透视及鸟瞰的场景表现有助于设计师对形态进行分析、理解与表现。这些手绘图中饱含笔触的魅力和灵动的创意，不是计算机软件所能替代的。

奇普 · 沙利文认为："一切伟大的艺术作品都出自一种概念，把种种意念置于拟定的形式之内就会赋之以生命，从而允许你浏览广阔的意念空间。从一种意念的开始到其最终拟定的形式，绘画在这一创作构成中起到主要的作用"。爱德华 · 希尔认为："绘画可使一个概念逐渐形成。它居于自由和结构之间，即思想的自由和决定我们空间图像的物质结构之间。绘画提供了创造现实形象的可能性，是探索的工具，每一笔都可以表达思想。设计师把线条融入个性，故而成为创作者。"手绘图是以快速形式表达纷至沓来的种种意念的一种概念化的工具。

各种风格的手绘表现有助于表现景观设计作品所营建的自然生态美学，而非仅是技术美学。对于设计师而言，手绘表现不但是一种借助图示语言表达设计思想的手段，也是一种通过思维与图像的相互激发而产生灵感的方式。单纯的计算机图像或图纸通常无法以富有创造性及艺术性的语言表达设计理念，而一张铺满墨迹的手绘则不仅仅是方案的物化表现，更是传达设计思想的良好载体。设计表现图的绘制不仅是设计的表达方式，更是将设计纵深化的直观手段。精确理性的平、立、剖面图往往不能充分表达设计师所要营造的空间语境，而这些恰好可以通过手绘表现图予以展现。手绘图所呈现出来的空间感受与计算机图纸相比，更具有灵活性和设计感，其绘制周期既是对设计的不断完善，又是充满激情的创作。如果说设计的构思源于思维对原始条件通过设计手段的理性组织，那么如何将头脑中的灵感准确地表达出来，就是一个抽象思维到形象思维转换的过程，这个过程往往需要视觉形式的支持。在绘图过程中，思维始终贯穿其中，手绘表现图是对设计者立意思想传达的载体，融设计于表现之中，又通过表现进一步予设计于灵感，从而推敲完善设计。通过绘制表现图准确表达景观方案创意及深化细化设计。

世界上诸多建筑大师，例如弗兰克 · 劳埃德 · 赖特（Frank Lloyd Wright）、勒 · 柯布西耶（Le Corbusier）、约翰 · 伍重（Jorn Utzon）、弗兰克 · 盖里（Frank Gehry）以及安藤忠雄等，都喜欢用钢笔画表现设计构想。

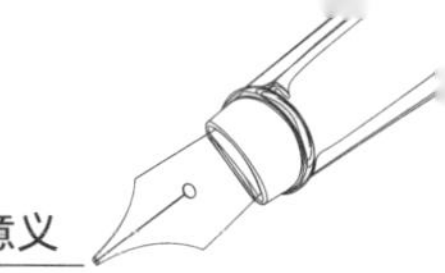

滨海一号手绘表现图（一）

滨海一号手绘表现图（二）

滨海一号建成照片（一）

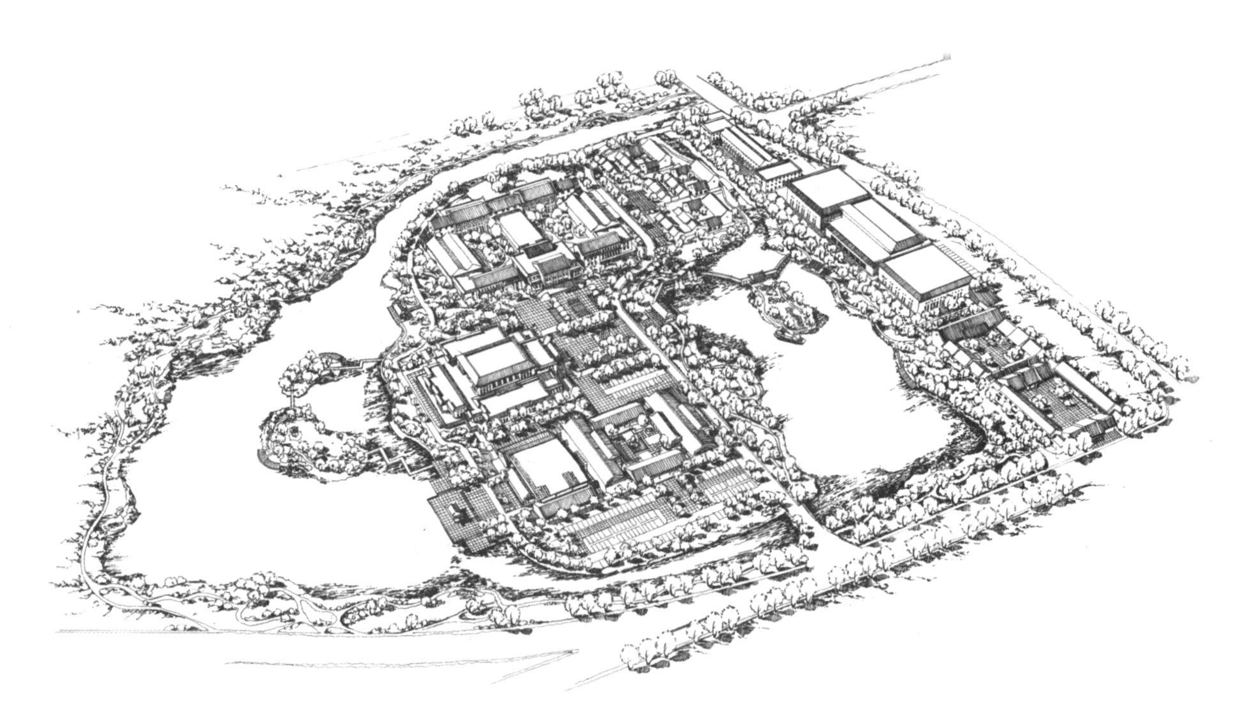

滨海一号手绘表现图（三）

滨海一号建成照片（二）

于庆成雕塑公园手绘表现图（一）

于庆成雕塑公园建成照片（一）

于庆成雕塑公园手绘表现图（二）

于庆成雕塑公园建成照片（二）

设计师要养成随身携带纸笔进行速写、随时随地注重素材收集的习惯，有助于了解空间体量感和材质效果。相机往往无重点地真实记录空间元素，而通过手绘、速写等技法，有助于我们有针对性地进行选择，依据设计审美思考进行提炼，将空间意境氛围淋漓尽致、惟妙惟肖的表现。对于要重点突出的地方，浓墨重彩、着力刻画，其余的地方简约放松。这是景观设计者提高自身艺术修养的一种途径，也是将设计理论与现实空间进行互动的一种有效方式。

达 · 芬奇是古往今来最伟大的日记保存者，所绘对象范围之广，种类之多，足以震撼人心。图画展现了他的构图理念、创造力的连续性以及他对几种意念的反复琢磨。乔治 · 布拉克在《现代艺术理论》中描述：“我自备一本设计笔记本的习惯始于 1918 年。以前我是在一些纸片上画的，结果这些纸片都丢失了。后来我暗自寻思，需要带个笔记本。既然我身边有个笔记本，于是可以什么都画，凡是我脑海中闪现的东西，我都保存下来……工作时，胃口就大，于是饥肠辘辘之时，我的速写本就成了我的食谱。”也就是说，平日里素材的积累为创作设计提供资料来源，随身的速写本有助于设计者阐述概念、完成构思。速写使得设计者体会种种有别于拍照的细微差别，即通过观察和个人体验参与周围的事物，从而领悟形体，并保存、分析和传达它。可以说，这些元素是灵感的种子，在头脑中生长和成熟，直到能将其加以利用为止。

乔纳森 · 安德鲁斯在《德国手绘建筑画》中提到：“对于建筑师而言，手记就是手绘草图，他在旅行中将所收集的印象记录在大脑硬盘上，而手记就是召回这些印象的领航者。”

于庆成雕塑公园建成照片（三）

第 2 章 景观设计钢笔画表现技法

2.1 景观手绘常用工具的基本介绍

2.1.1 纸张

绘图中常用的纸张有草图纸、硫酸纸、A3 复印纸、绘图纸等。

不同纸张类型特性各异，草图纸价格便宜，纸张薄，易褶皱，耐水性差，适宜草图阶段使用。

硫酸纸具有透明的特点，可用来拷贝底稿，并且比草图纸的质地略厚，上色时，纸张几乎没有渗透性。色彩可在纸张的正反面互涂，并且可通过刀片修改。

复印纸不具备透明性，色彩渗透度适中，价格便宜，纸质光滑。

绘图纸质地最厚，色彩渗透性最大，适宜最终表现图的应用。

白报纸，价格便宜，吸水性强，纸面较粗糙，适用于各种马克笔。

素描纸，纸面粗糙，吸水性强。

水彩纸，纸张纹理较粗，厚实，吸水性强。

色纸，由于具有固有色，易于将画面整体色彩统一，但整体色调会与预期效果有所偏差。需预先考虑到色纸的颜色对于画面氛围的影响。色纸相当于有了中间色调，在画完墨线之后，着色阶段用马克笔加深图面的深色部位，用白色彩铅提亮局部即可。马克笔的纯度在色纸上会降低，画面显示较为稳重。

2.1.2 绘图笔

1. 针管笔

针管笔分为墨水针管笔和一次性针管笔，直径规格为 0.1 mm ~ 1.0 mm。

相比较而言，墨水针管笔比一次性针管笔的笔触更加有力量和延展性，画面效果更生动细腻。

2. 美工笔

与普通钢笔相比，美工笔因其笔尖处的弯曲处理，在绘图时可显示出具有宽窄变化的线条，笔触灵活多变，适宜表现线面结合的绘图效果。

3. 马克笔

马克笔是随现代化工业的发展而出现的一种新型书写、绘画工具，它具有速干且稳定性高的特点，有完整的色彩体系供绘画者使用。马克笔色彩清新、透明，笔触具有时尚感、现代感，使用、携带方便。景观设计中常用的马克笔分为水性笔和油性笔两种。

水性马克笔色彩鲜艳，与水彩或水溶性彩铅结合可达到淡彩的效果，但因其笔触界限清晰，若多次叠加颜色会变浊，在较薄的纸上不易把握。

油性马克笔笔触界限较柔和，重复叠加时融合性好，但绘图时如果运笔太慢、犹豫，画面会产生过多顿点。

在选择马克笔的色彩时，不宜过多，假若每种颜色都具备，画面色彩反而会显得杂乱。通常依照画面元素选择色彩。例如用于表现绿化种植的由浅及深的绿色系，细分为冷绿色系和暖绿色系；用于表现木质元素的赭石色系；用于表现天空和水的蓝色系；用于表现画面中具有点缀作用的花的色彩——饱和度较高的紫色、黄色、粉色等；此外，对于整幅图面起调和作用的灰色调应用也较为广泛，包括冷灰色系和暖灰色系，同时，灰色系也可作为不锈钢等材质的表现色彩。

4. 彩色铅笔

彩色铅笔分为水溶性和非水溶性两种类型，前者的价格略高。水溶性彩铅在蘸上水之后，画面效果柔和自然，与水彩相似；在不蘸水的情况下，水溶性彩铅与非水溶性彩铅效果接近，但前者的质感显得细腻柔软。总的来说，彩铅的色彩没有马克笔那样浓烈，比较清新淡雅。此外，与马克笔不同的是彩铅的色彩可通过叠加产生出更多的色彩，并且在绘图纸、水彩纸、复印纸均适宜。

2.1.3　其他

除上述主要绘图工具以外，一些辅助性工具，如直尺、三角板、模板、橡皮、刀片等同样不可或缺。例如，涂改液在画面中就有特殊的应用，针对一些特殊材料，涂改液可提亮其高光部分。而在大片色彩中，涂改液又可进行点缀，起到增加空气感、减少沉闷效果的作用。

2.2　透视原理

一点透视和两点透视是表现图中常用到的透视规律，设计者想正确表达立意构思及图面效果，首先要保证各个景物元素的比例、尺度及空间关系，遵循科学的透视法则，才能使画面具有真实性。饶自然撰元代山水画法论著《绘宗十二忌》载：“作山水先要分远近，使高低大小得宜。虽云丈山尺树，寸马分人，特约略耳；若拘此说，假如一尺之山，当作几大人物为是？盖近则坡石树木当大，屋宇人物称之，远则峰峦树木当小，屋宇人物称之；极远不可作人物。墨则远淡近浓，逾远逾淡，不易之论也。”中国山水画的特殊透视法“三远”法，指的是在一幅画中，可以是几种不同的透视角度，表现景物的“高远”、“深远”、“平远”。宋代的郭熙在《林泉高致》中，对三远法下过这样的定义：“山有三远：自山下而仰山巅谓之高远；自山前而窥山后谓之深远；自近山而望远山谓之平远。”三远法是一种散点透视法，以仰视、俯视、平视等不同的视点来描绘画中的景物，打破了一般绘画以一个视点，即焦点透视观察景物的局限。

表现图中较为常用的透视表现为一点透视和两点透视。一点透视更能体现场景的纵深感；两点透视较为活泼，反映形体相对全面。

作为最基本的透视表现方法的一点透视给人平衡稳定的感觉，在景观表现图中运用广泛，其基本特征为：

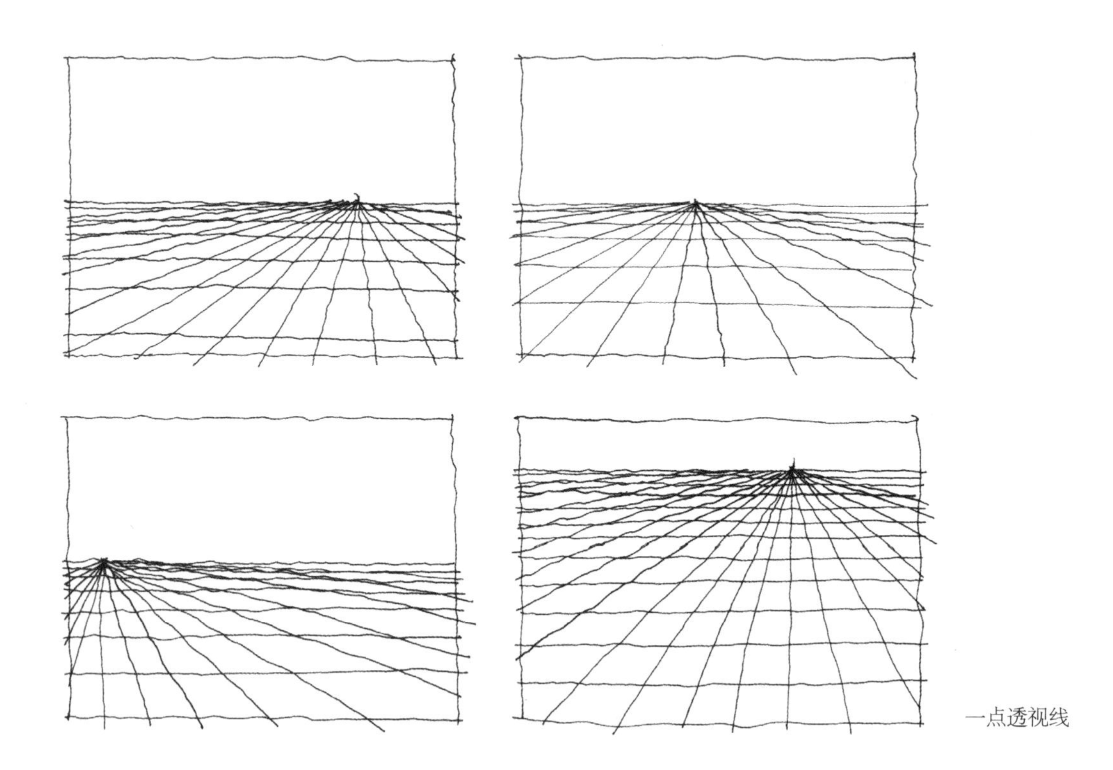

一点透视线

① 画面只有一个灭点。

② 画面中水平方向的线保持水平，垂直方向的线保持垂直。

③ 物体的一个面与画面保持平行。

表现图遵循透视原理，近大远小、近实远虚。画面构图需主次分明、完整而富有变化，构图对于一幅完整的景观表现图是最基本的要求。注意空间中明显的笔触的运笔方向要与空间的透视一致。画面虚实对比明显、主次分明、视觉中心明确、画面生动，切忌用力平均、缺少主次。

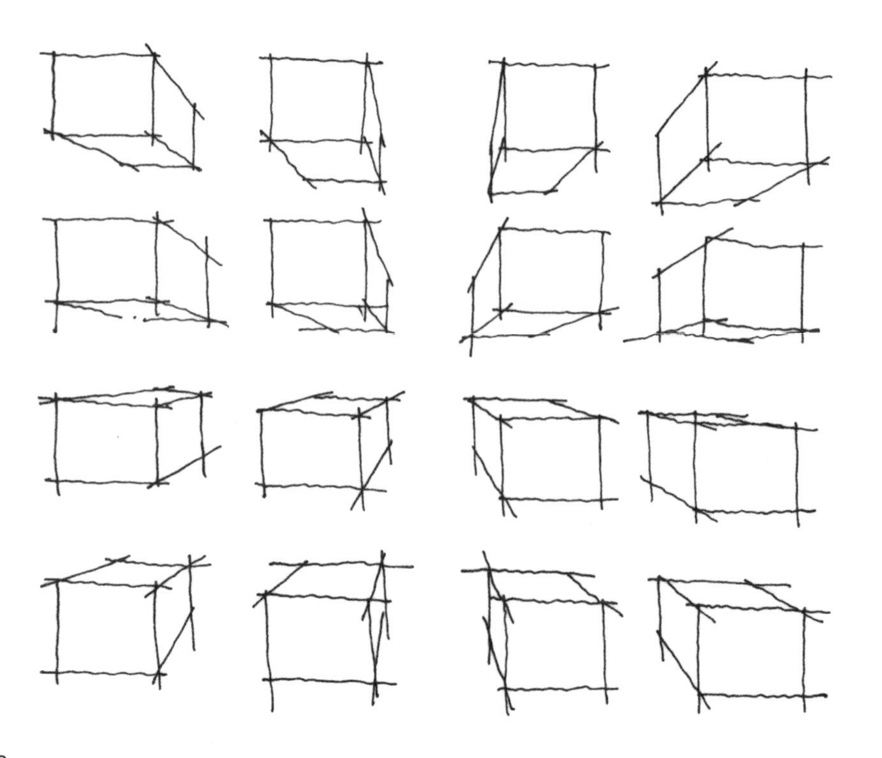

一点透视图

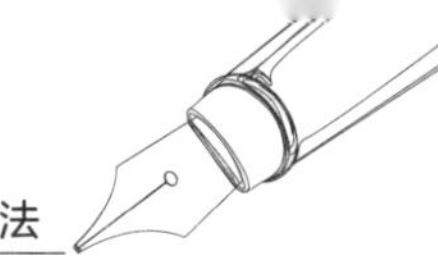

一点透视练习图（一）

一点透视练习图（二）

两点透视即景观空间中的主体与画面呈现一定角度的透视现象，与一点透视相比，两点透视更能表现空间的整体效果，具有较强的透视表现力，其基本特征为

① 画面有两个灭点。

② 画面中垂直方向的线保持垂直，水平方向的线发生变形。

③ 反映物体的正侧两个面，易于表现体积感。

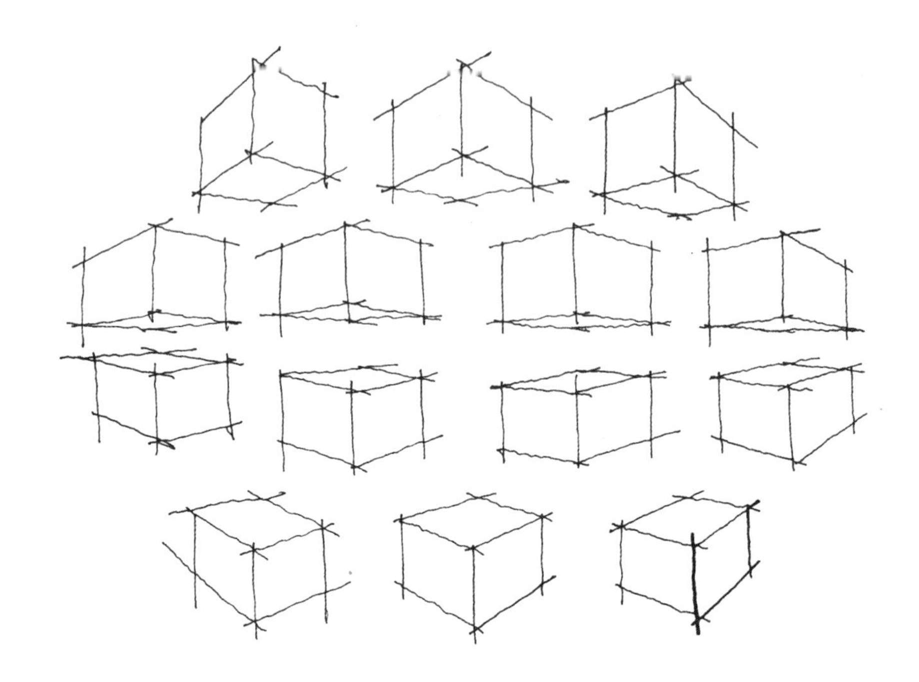

两点透视图

2.3 表现过程

景观手绘表现可以先运用钢笔描绘景物元素，深入细致刻画其明暗面，使画面产生层次感，然后采用马克笔和彩色铅笔相结合的方式为画面着色。着色前，要在头脑中勾画出整幅画面的色彩效果，统一布局色彩搭配，避免产生凌乱效果；冷暖色调尽量不要掺杂混搭，要明确出区域的冷暖性，做到色调协调；在马克笔色调之上叠加运用彩色铅笔，可以丰富画面的效果；刚柔并济、松紧适宜、疏密得当的笔触会使图面更具有艺术感染力。表现图是对设计者思想传达的载体，应准确表现景物的比例关系，同时处理好画面中景物的前后虚实变化，突出表现重点，对重点景物详细刻画，对非主体物进行删减，勾画出富于节奏、层次丰富的生动场景。

2.3.1 墨线的绘制

表现图首先要由墨线勾勒，墨线的处理可使整个画面细腻感增强，为下一步的着色铺垫基础。画面以线条及其组织排列来产生不同的色调变化，从而刻画景物。线条有直有曲，直线条具有男性美的特征，明朗、刚毅、理性、凝重；曲线条富于女性气质，柔美、飘逸、轻松、活泼、舒展流动的线条赋予画面灵气，正确运用不同形式的线条有助于增添整幅画面的艺术感染力。

墨线要准确地表现设计场景的空间尺度和结构关系，其次要在忠于真实景物的前提下进行取舍和概括，必要细节的描绘既能丰富画面效果，增强画面的感染力，又能充分烘托主题，此外，还要注意整个画面的空间层次及节奏感。

墨线典型的错误画法为不平行、反复重叠以及断线等。错误的原因大多是画线的速度忽快忽慢缺乏稳定性，或因过于紧张没有正确运用腕力、没有适当控制好纸张与手之间的压力等。

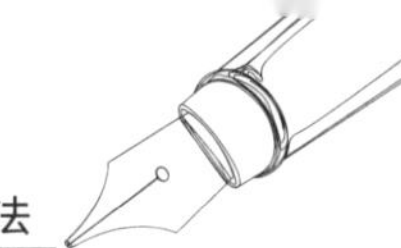

不同的墨线形式

正确画墨线需要针管笔的笔锋快而稳、果断而有力，线的首末两端要重、中间要轻，两条墨线相交接时略微出头交叉可增加画面的流畅感，减少拘谨的束缚感。较短的线条以腕部作为支点带动笔，而较长的线条则需以肘关节作为支点。

在保证墨线的首尾两端在一条直线的情况下，中间线条可运用手腕的力画出颤线，即由小曲组成的直线条，可增加整幅画面的动感活力。对于景观设计者来说，这种颤线应用范围较广，并且运笔速度较慢，易于掌握。

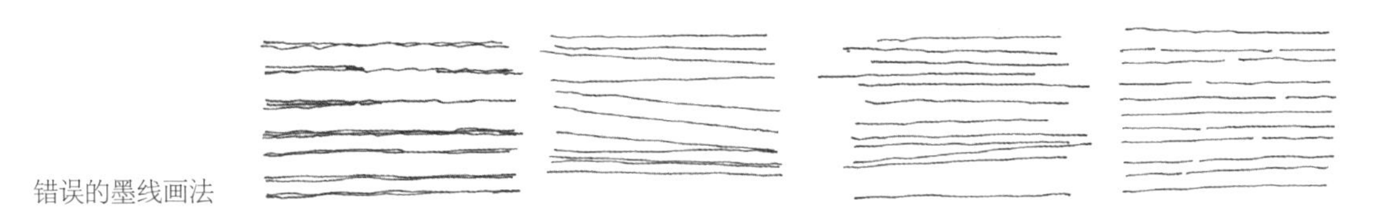

错误的墨线画法

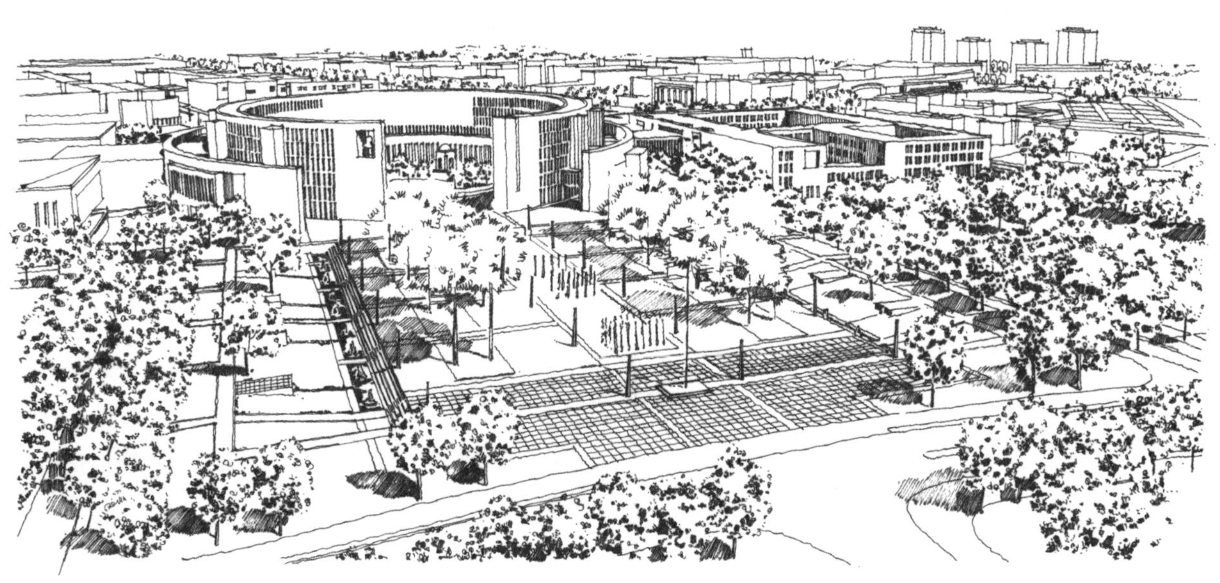

墨线表现图

墨线表现图步骤一

墨线表现图步骤二

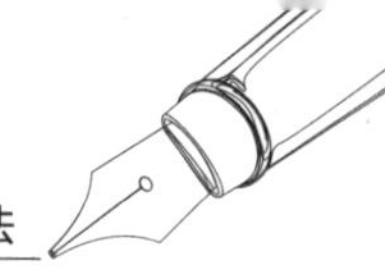

墨线表现图步骤一

墨线表现图步骤二

2.3.2 着色

1. 马克笔着色

马克笔色彩剔透、着色简便、笔触清晰、携带方便，其色彩在干湿状态不同的时候也不会发生变化，有助于设计者预知及把握图面效果。

在不同类型纸张上使用马克笔，会出现不同的色彩效果。同一马克笔在渗透性较强的绘图纸上显示颜色较深，而在渗透性较弱的硫酸纸上显色较浅，复印纸上显色适中。在硫酸纸上用马克笔时，可选择在墨线着色的背面上色，这样既能降低马克笔的鲜艳程度，也可避免因马克笔将墨线晕染而产生污浊。

马克笔比水彩的笔触明显，色泽与水粉相比更为清透。马克笔着色步骤宜由浅入深，由远及近，颜色不宜过多涂改、叠加，否则画面将出现浑浊的效果。此外，使用马克笔着色不像水彩、水粉着色那样先渲染大面积色调，宜由局部出发。

在叠加两遍马克笔的情况下，若是第一遍的色彩未干时进行叠加，色彩会自然融合，没有明显笔触，类似于水彩笔触的相融合效果；若前一次已干透，再进行叠加，则两次色彩不相融合，显现出明显的笔触。

2. 马克笔的笔触

（1）平行排笔

马克笔与水彩渲染不同，由于其笔触较为明显，所以运笔要有力度，尽可能不要产生弯曲线条；除力度的原因之外，运笔的速度过慢也会产生弯曲颤抖等效果较差的笔触。从画面效果上来讲，油性马克笔的渗透力较水性马克笔强，适宜在硫酸纸上作图，其起笔和收笔的位置比中间线段的色调深，而水性马克笔较油性笔触界限鲜明，若较多重叠会导致画面的脏乱。

运用马克笔在水平、竖直、倾斜方向进行平行排笔时，需平稳握笔，逐步不间断地匀速移动。并且，匀速排笔也可穿插留白处理，使得整体画面疏密相间，统一中富有变化。

（2）活跃排笔

运用马克笔着色时大多沿物体形态进行排笔，这样就会出现笔触的交叉，此时需要变换笔触与图纸的接触角度，即改变笔触的宽窄粗细，这种活跃的排笔方法会使画面效果增添动感活力。此外，画面中也可穿插使用细马克，它铺出的调子不像马克笔那样宽，由于中间有间隙，使得画面有通透、不沉闷的感觉，增强画面的细腻性，丰富虚实变化。

总的来说，马克笔的笔触需点、线、面相结合。注意整体画面的明暗分区，并将明暗具体到画面中的每个元素，即对单个元素的受光面和阴影面的区分。对于同一个元素，无论用马克笔、彩铅还是水彩，均应选用两种色调相近的颜色着色，以一种色调为主，另一色调为辅，这种方法可增强画面元素的层次感。物体的阴影部分可采用马克笔同色系中较深一级的笔叠加排笔，展现物体的立体感。

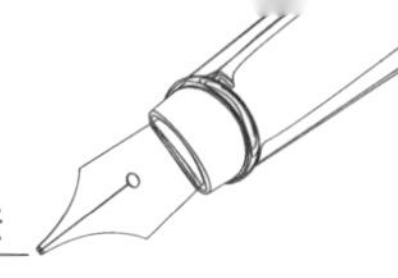

3. 彩色铅笔表现

彩色铅笔与马克笔相比，排线笔触细密，运笔速度较慢，但色彩细腻生动。运用水溶性彩铅对画面着色后，可用毛笔和水进行晕染使其产生通透的水彩效果，但较水彩颜料又具有易于掌控的特点。

着色过程中，马克笔和彩铅可搭配使用，即运用马克笔铺底色，再在其上叠加彩色铅笔，彩色铅笔可起到色彩过渡的作用，弥补马克笔较为唐突的收笔，达到渐变的效果。马克笔本身的局限性在于颜色衔接、叠加时，笔触过渡的部分常会因某些色彩的缺失而显得略为生硬，画面色彩的丰富性和细腻程度不及彩铅，此时，可通过彩铅柔化马克笔的突兀衔接处。此外，彩铅由于自身特性，整体画面效果会显得清淡典雅。

4. 水彩表现

水彩色泽鲜艳、不易挥发，用水调和可产生彩度、明度各异的色彩。

总体上说，马克笔、彩铅、水彩这些常用工具都存在自身的优点和缺点，绘图时将它们结合使用，发挥各自优势，表现其善于表现的元素，可提升整幅图面的完整性和层次感。

彩铅手绘表现图

水彩手绘表现图

马克笔、彩铅和水彩相结合的手绘表现图

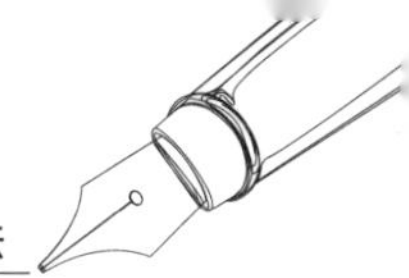

2.3.3　手绘和电脑结合的绘图手法

与 Photoshop 相似，Painter 也是基于栅格图像处理的图形处理软件，具有上百种绘画工具，其中多种笔刷提供了重新定义样式、墨水流量、压感以及纸张的穿透能力，Painter 将数字绘画提高到了一个新的高度。

Painter 可使用户像在画布上使用画笔一样在电脑上画图，同时也可以像其他图像处理软件一样对图像进行编辑处理。在 Painter 中可创作出效果真实的水彩画、素描、油画、铅笔画等，除了软件自带的笔刷和材质外，Painter 还允许用户自定义笔刷和材质，给予创意更为广阔的发挥空间。

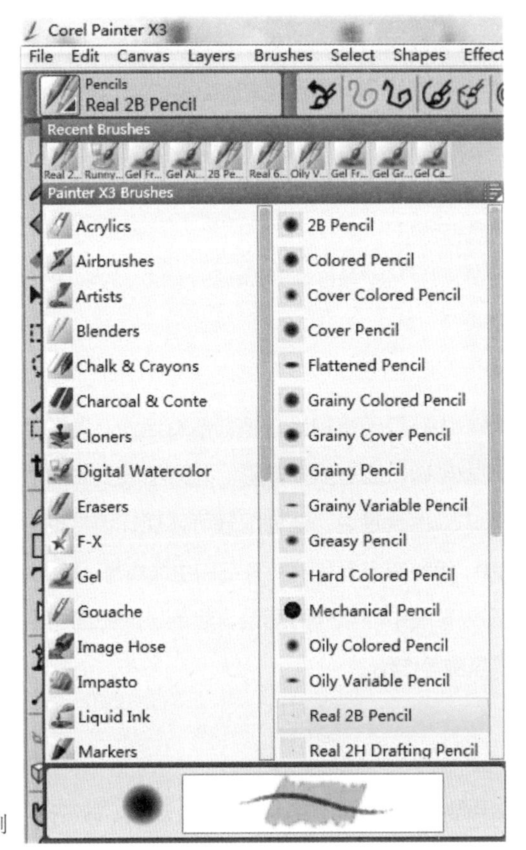

Painter 的笔刷

第 3 章 景观设计手绘表现图具体元素

学习景观表现图是由浅及深的递进过程，首先从图面中的植物、石景等构成元素开始练习，再过渡到以景观小品为主体的小型场景，最终表现大型景观场景。景观表现图中，几乎所有构筑物的周边都有花草、石景等配景。配景除起到增加场景的真实性、柔化构筑物与场地的结合、平衡图面效果的作用外，还可以烘托场景氛围。例如，南北方的不同植物可以衬托场景的地域性特征；作为配景的小型构筑物的造型、材质，同样体现出景观的风格特征。

木质材料具有曲线的纹理，金属材料具有较强的反光效果，玻璃的通透性强且受环境色影响，自然石材大多表面凹凸不平。在手绘中，通过色彩和线条的虚实关系可以表现出不同物体的质感和肌理效果。

在勾勒出景物墨线后，若采用马克笔着色，应基于物体的固有色，抓住总体色彩倾向，并考虑周围光源对其的作用，刻画肌理特征。

3.1 植物

与景观效果图中的建筑、景观构筑物、山石等元素相比，植物富有活力，具有动态性。植物受生长情况、风雨雪等自然现象影响，姿态多姿多彩。北方植物受到四季气候的影响，往往呈现出密叶、疏枝等形态。也就是说，植物配景可体现环境特征、季节特征与情景氛围，并且，在传统文化中，植物本身具有精神象征和生命寓意。植物，尤其是树木，自身可独立成画，但在景观效果图中通常作为配景，起到协调画面中各元素的关系、扩展空间进深感、提升场景氛围等作用。

3.1.1 乔木

乔木主干与树冠有明显区分，景观效果图中应用频率较高的有杨树、柳树、银杏树、松树、椰子树等。

效果图中的乔木按照功能划分为行道树、庭荫树、孤赏树等。作为配景的树必须符合场景氛围，例如，商业空间、校园空间、住宅区、纪念馆等不同场所配置的树木种类各异。以墨线为主的植物画法，仅需水彩、马克笔或彩铅略微着色；而对于墨线简单勾勒的植物，需用马克笔工具等详细着色；此外，还有仅寥寥数笔枝干，完全用马克笔排出轮廓的植物画法，对于这种树冠枝叶的着色，颜色可不拘泥于墨线之内。在上色过程中，单个树木一般区分出阴影色、固有色和受光色，高光部分可留白。

乔木表现图（一）

乔木表现图（二）

乔木表现图（三）

乔木表现图（四）

乔木表现图（五）

乔木表现图（六）

乔木表现图（七）

乔木表现图（八）

3.1.2 灌木

灌木的主干系统较短，且由地面分出多枝，常出现在景观效果图中的灌木有黄杨、月季、牡丹等。灌木有自然式和规则式两种，以群植为主，鲜有孤植，描绘时需注意整体的疏密虚实，并从整体的明暗面进行着色。灌木的外轮廓可放松一些，切勿过于连续紧密。作为配景的灌木，应注意色彩与周围环境的统一，并通过明暗面表现立体感、体量感。

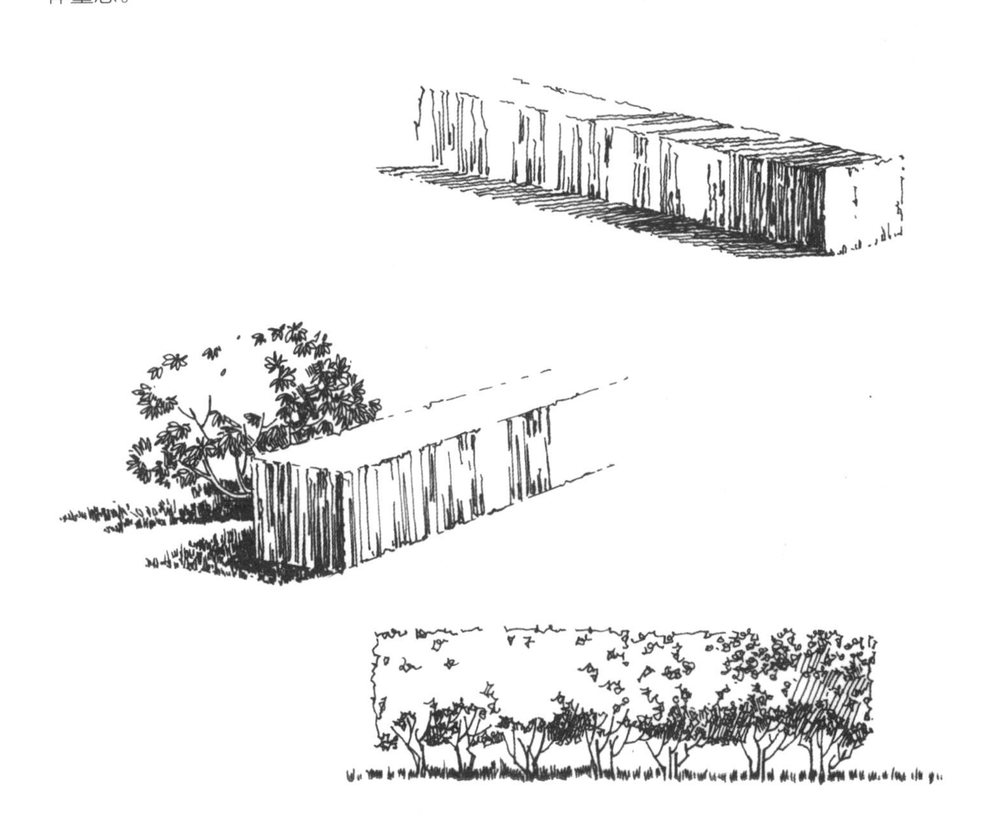

规则灌木表现图

组群灌木表现图

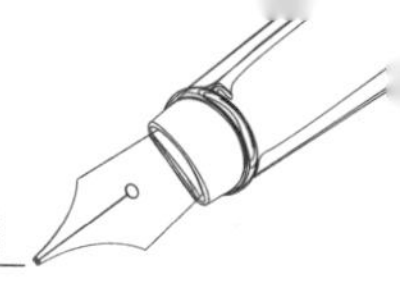

3.1.3 藤本类

藤本类植物依附于其他植物或构筑物攀援生长。廊架、亭子等构筑物上常缠绕攀爬有紫藤、蔷薇、葡萄、爬山虎等藤本植物。

3.1.4 植物的组合

前景植物刻画细腻，远景弱化，分出主次关系。

植物组合表现图

景石组合表现图（一）

景石组合表现图（二）

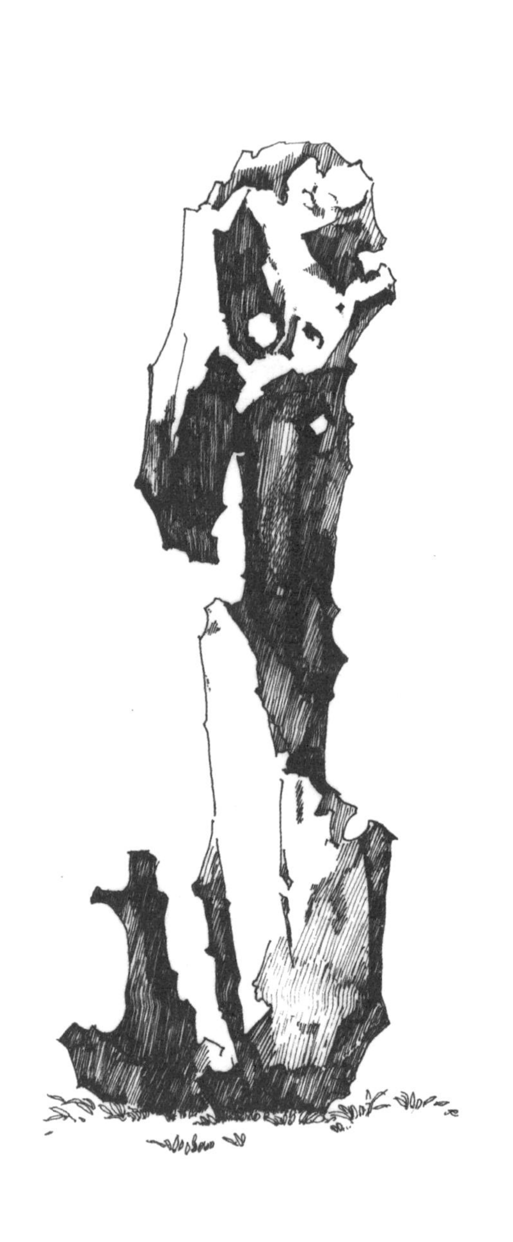

石景

景石组合表现图（三）

景石组合表现图（四）

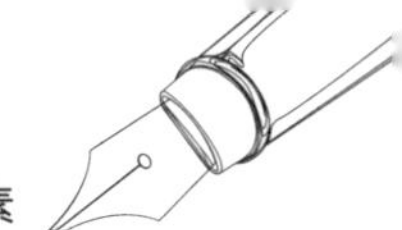

3.2　石材

3.2.1　景石

单个石景的画法应注意石材本身的前后进深关系，位置相对靠后的部分需要增加阴影来体现前后关系；同理，对于叠石这种组群关系的石景，位置靠后的石峰需依靠阴影关系体现前后的层次。先从整体上将阴影与高光确定，但在阴影或高光区域内，又存在凸起和凹陷的部分，在由笔触表现这些变化的同时，要使其服从所处的区域属性，避免杂乱细碎。

对于园林景石的描绘，采用流畅连贯的长线条勾勒外形轮廓，高光部分忽略景石固有色进行留白处理，阴影面则重点着墨，以衬托景石的受光面，增强其立体感，这种明暗对比使景石的视觉效果增强，自身特点得以鲜明地展示。

3.2.2　景观设计中石材建筑材料的表现

景观表现图中常出现毛面石材和抛光石材。总的来说，对于石材的着色，马克笔的笔触需硬朗有力，体现出石材的硬度质感。

毛面石材凹凸的纹理效果较为强烈，着色时抓住其总体色彩基调，在此色彩范围内加强细部的色彩对比以表现石材毛面的粗糙质感。

抛光石材表面光滑平整，具有对周围环境反光的特点。在用灰色马克笔着色后，还需考虑对整个环境光源的反映和环境色对其的影响。此外，添加景物在其上形成的垂直投影仪表现它类似镜面的光滑感。

除上述两种石材外，富于趣味的卵石铺地也常出现在室外场景中。卵石的表现要注重整体的概念，避免流于细碎，需从整体上把握形体和色彩，注重整体的虚实关系，并且应对处于画面前面位置的卵石明暗效果进行强调。

3.3　木材

景观场景中的一些地面铺装以防腐木作为材料，防腐木与上述抛光石材一样，具有光感效果。室外场景中的亲水平台、木栈道等均采用木质材料。

3.4　水景

水景是室外空间中最富于灵动气息的部分，水的流动性增添整个空间的活力。描绘水景时需注意其周边景物在水中的倒影以及水体本身的波纹。

喷泉、跌水等需注意周边溅起的水滴。喷泉还需表现出水流向上喷的力度以及向下落在水面形成的水花。

水景中的植物表现图

喷泉表现图

3.5 天空

景观表现图中，常根据整幅画面的氛围选择马克笔、水彩、彩铅这几种工具来表现天空。彩铅的密集排线可描绘出一层层的云状效果；马克笔用于在快速表现中寥寥数笔的画面点缀；水彩清新淡雅，可描画出不同色彩的云层变化及相互过渡的效果，富于动感。

3.6 配景人物

人物的添加有利于场景活跃氛围的表达，例如商业环境中购物的人群，校园环境中晨读的学生，公园环境中健身的人群和玩耍嬉戏的儿童，都有利于设计师表现场景属性。并且，在场景表现中，人物如同尺子，可以作为参照物，展现场景的空间大小。色彩上可选择与环境相融合的弱化表现，也可采取与环境形成互补色的关系来突出其所处环境。

平时多临摹及写生不同姿态的人物，积累不同场景的配景素材。

天空表现图

配景人物表现图

配景人物表现图

3.7 植物的平面表现

平面图中的各种植物图例表现复杂，需注重树木的阴影，增加图面的立体性，注意统一画面的光源方向。树木的平面表示以树干位置为中心、树冠的平均半径为半圆画圆，根据不同的表现手法可将其表现形式分为轮廓型、分枝型和枝叶型。

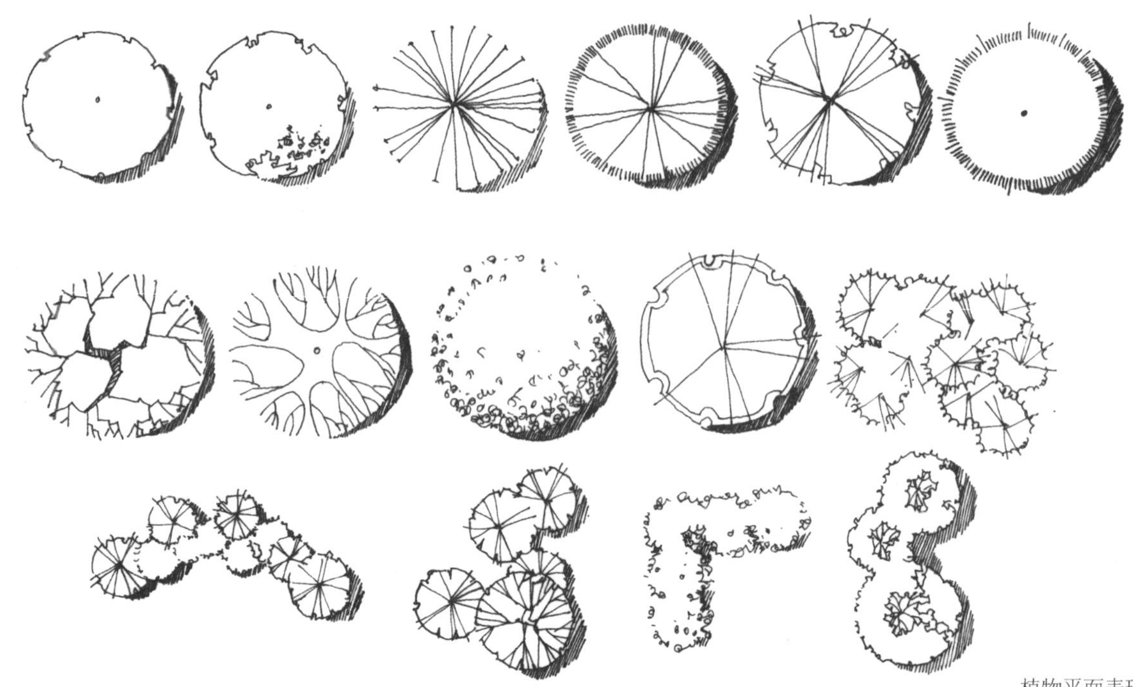

植物平面表现图（一）

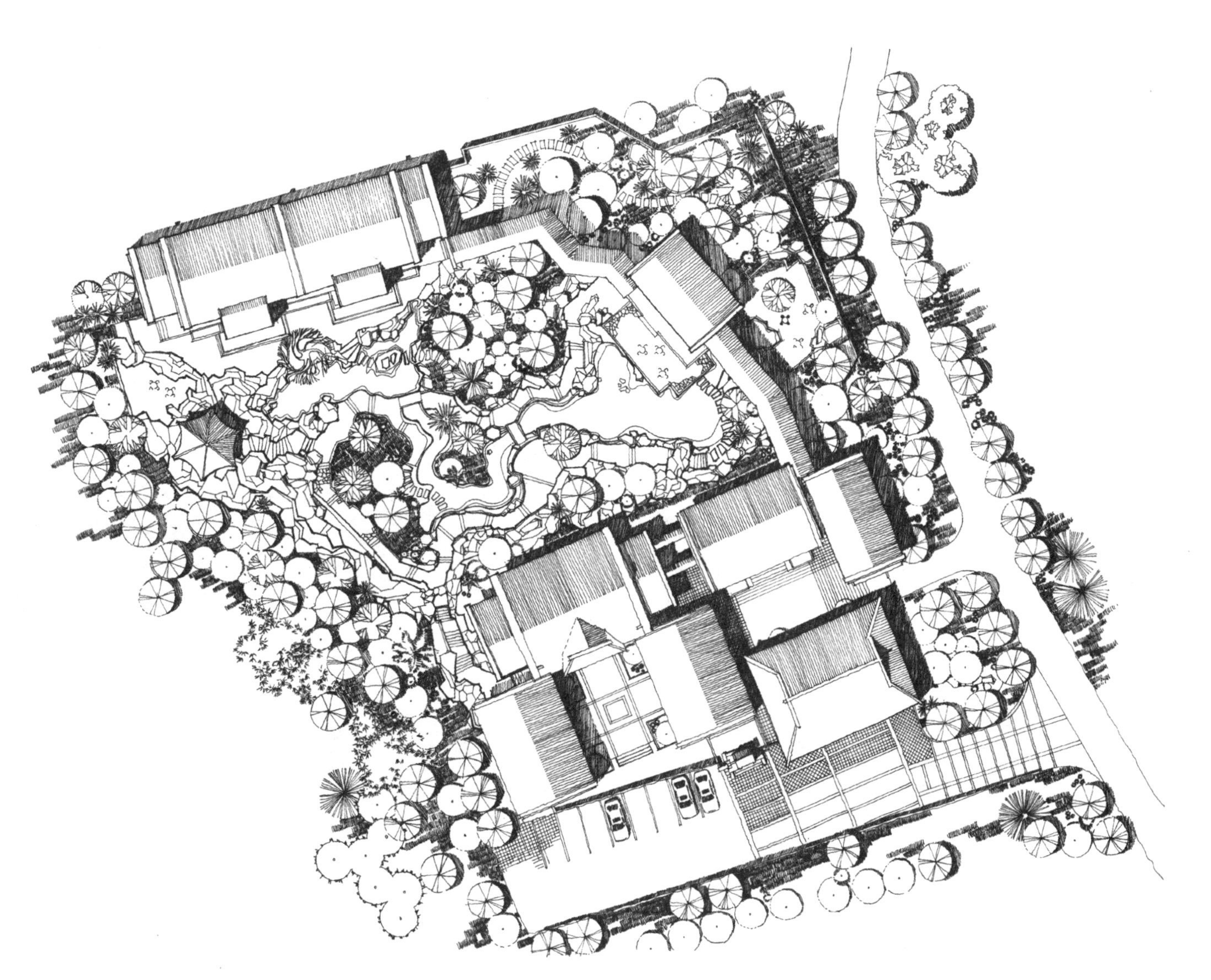

植物平面表现图（二）

第 4 章　景观规划设计项目表现图

4.1　天津大学新校区景观设计表现图

天津大学是教育部直属国家重点大学，前身为北洋大学，始建于 1895 年 10 月 2 日，是我国第一所现代大学。天津大学新校区选址于天津市中心城区和滨海新区核心区之间的海河教育园中部、生态绿廊的西侧，规划总用地面积约 2.5 平方公里，总建筑面积 155 万平方米。景观设计传承天大百年历史，展现北洋学府的办学特色，利用既有及过去的景观元素，营造新校区景观，使原有校区的景观基因得以延续和传承。

整体景观布局采用古树枝脉的形态有机地整合各区块，脉络交织如同学科交错，枝繁叶茂，蓬勃发展。景观轴从承载历史的北洋广场起航，穿越历史的精彩与回忆，如滔滔运河水汇入江海，未来百年，梦想将从这里起航。

表现图为新校区的鸟瞰图，由于所描绘的景物元素及其空间关系应为诠释设计者的立意构思服务，所以在图面表达中，设计的主体应处于整体鸟瞰的视觉中心。主景较配景而言应更加深入细致地刻画，配景则较为概括以辅助和衬托主景。

对比强烈的新校区中轴线主景凸显于画面，明暗调子对比较弱的配景则与周围环境相融，使得整幅画的构图富于节奏变化，空间层次丰富生动。

天津大学新校区景观设计鸟瞰图（一）步骤 1

新校区鸟瞰图的墨线绘制注重明暗关系，刻画细腻，着色时从大色块出发，避免笔触流于细碎。在整个场景中，切忌将各个元素孤立对待，每个元素均从属于其在画面中所处位置的特征。

墨线和着色两个环节中，整个场景明暗关系需统一，并遵循近实远虚的原则。着色需由浅及深，且在画面整体的明暗关系、冷暖关系、虚实关系下进行，避免对于局部元素过度刻画，忽略整体。

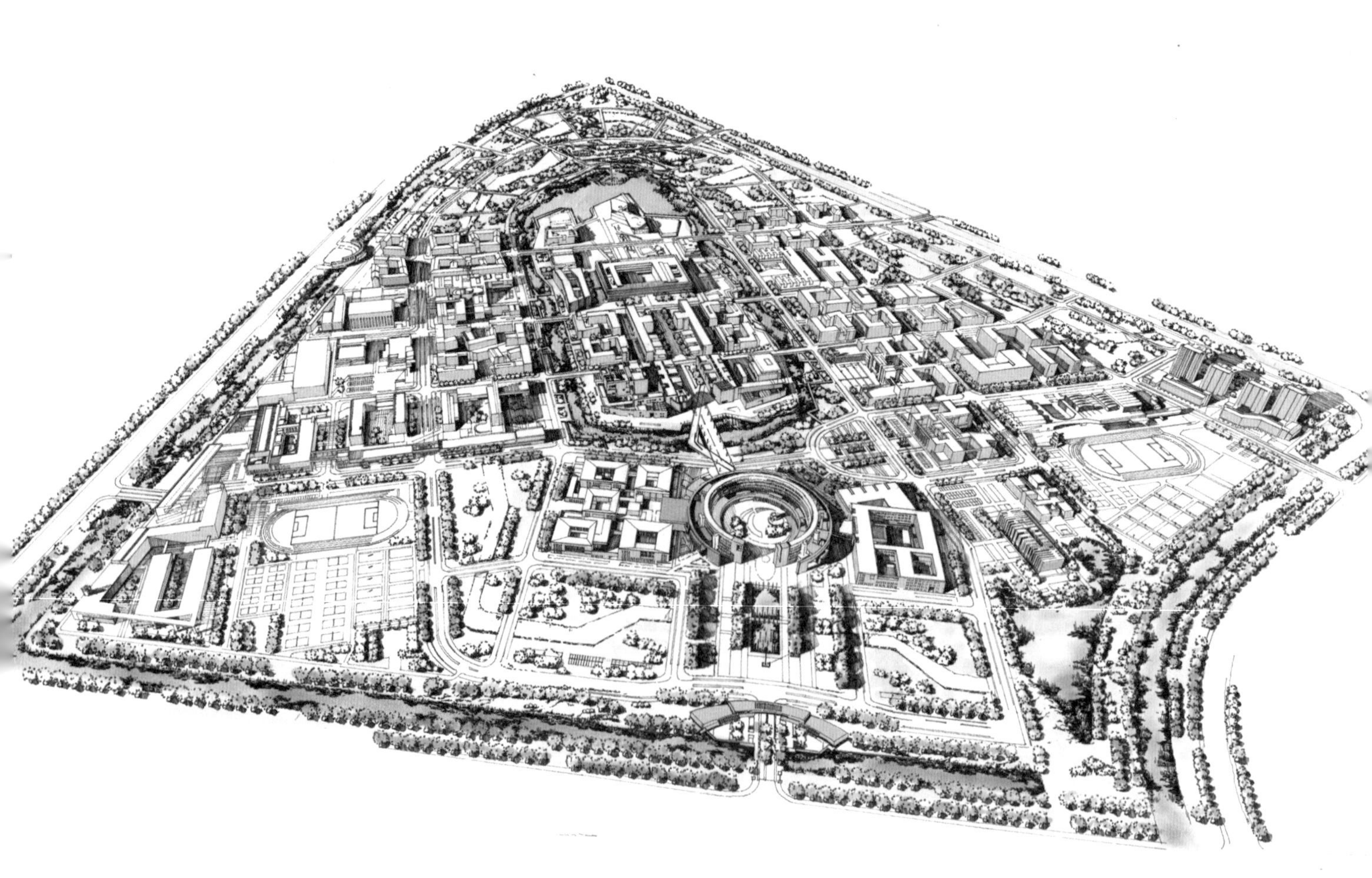

天津大学新校区景观设计鸟瞰图（一）步骤 2

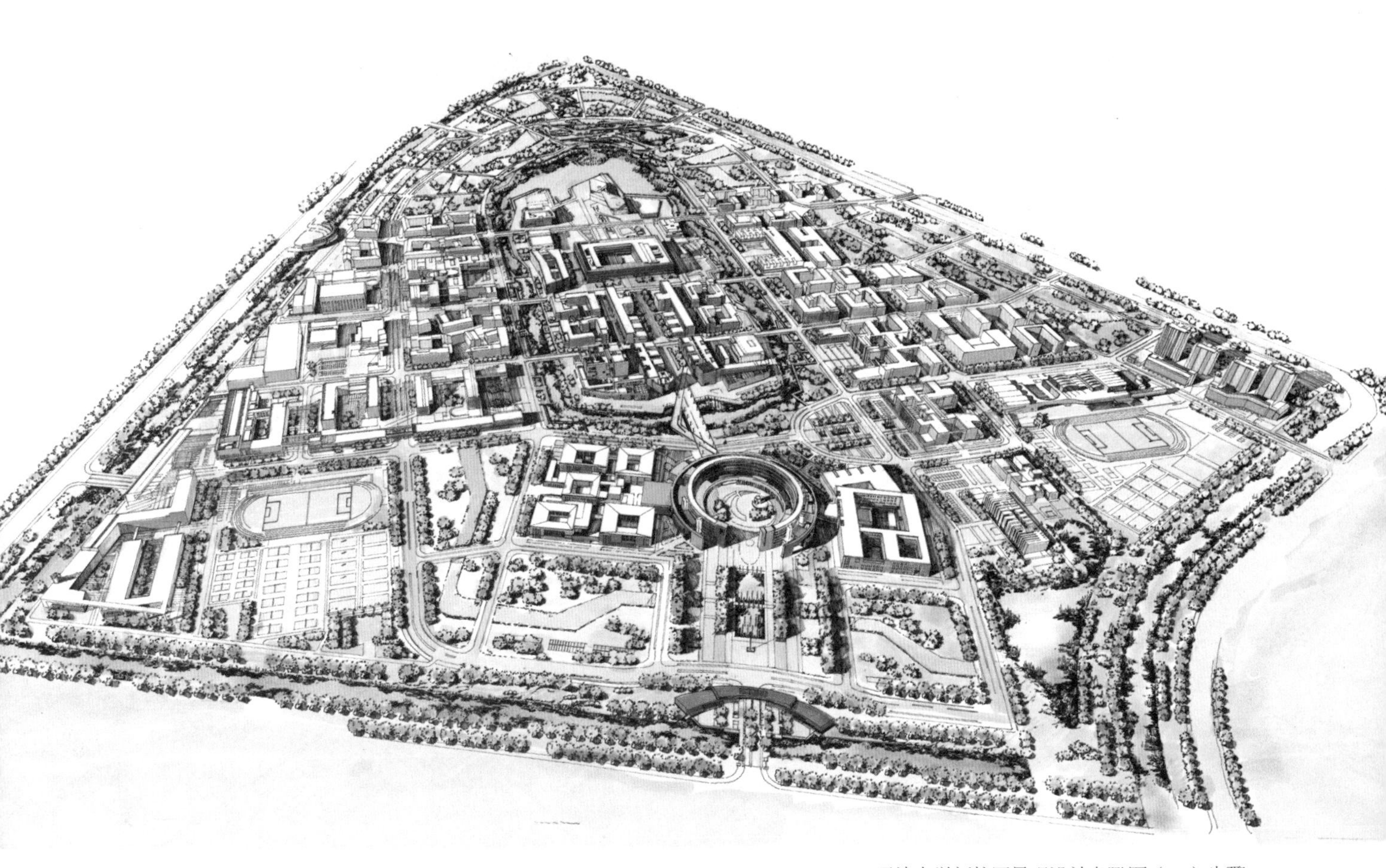

天津大学新校区景观设计鸟瞰图（一）步骤 3

起航广场环绕大学生活动中心，喷泉、绿植、雕塑，营造动感时尚的青年学生空间。流畅的曲线造型，亲水平台台阶，隐喻让梦想起航飞翔。敬业湖是新校区景观轴序列的高潮，也是新校区规划中最大的景观湖。湖面开阔而平静，大学生活动中心倒映其中，流线造型的红色平台伸入水中，水中设置了音乐喷泉，增加了空间的动感和变化。硬质铺装的广场景观、河流景观形成动静结合、刚柔并济的景观效果。

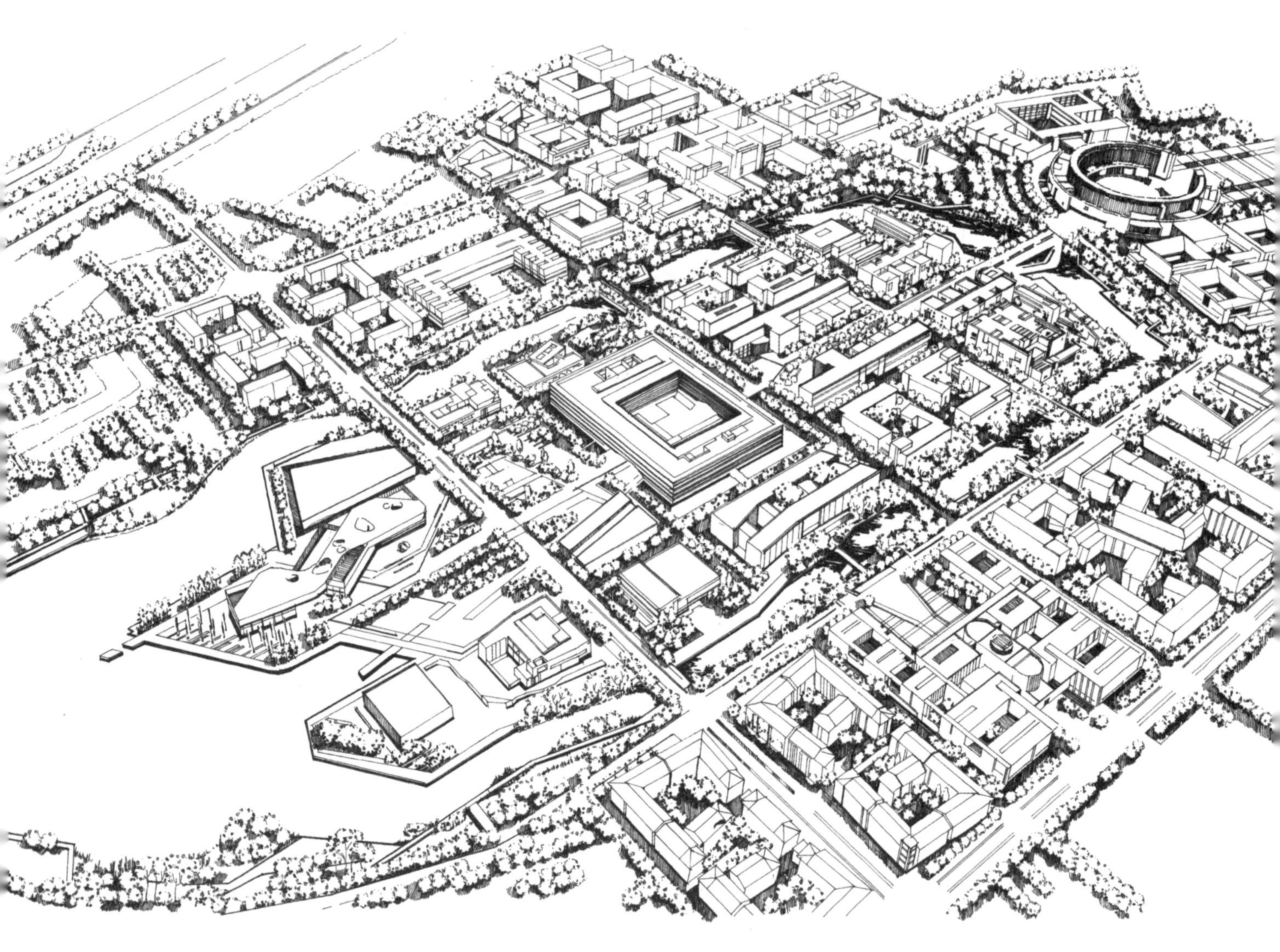

天津大学新校区景观设计鸟瞰图（二）步骤 1

该表现图同为鸟瞰视角，但选择了由新校区起航广场望向北洋园的视点。整体画面布局注重疏密相间，这样有助于拉开画面中场景的空间层次。稀疏的画面会过于平庸，苍白无力、感染力差；过于密集的线条又使画面沉闷压抑。因此，整幅鸟瞰图构图需详略得当、松紧有致，疏可走马、密不通风的疏密穿插才会使画面富有生命力。

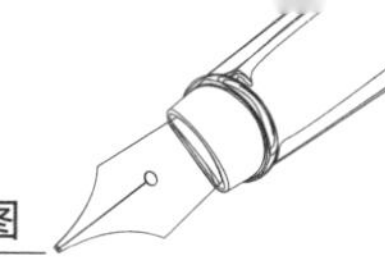

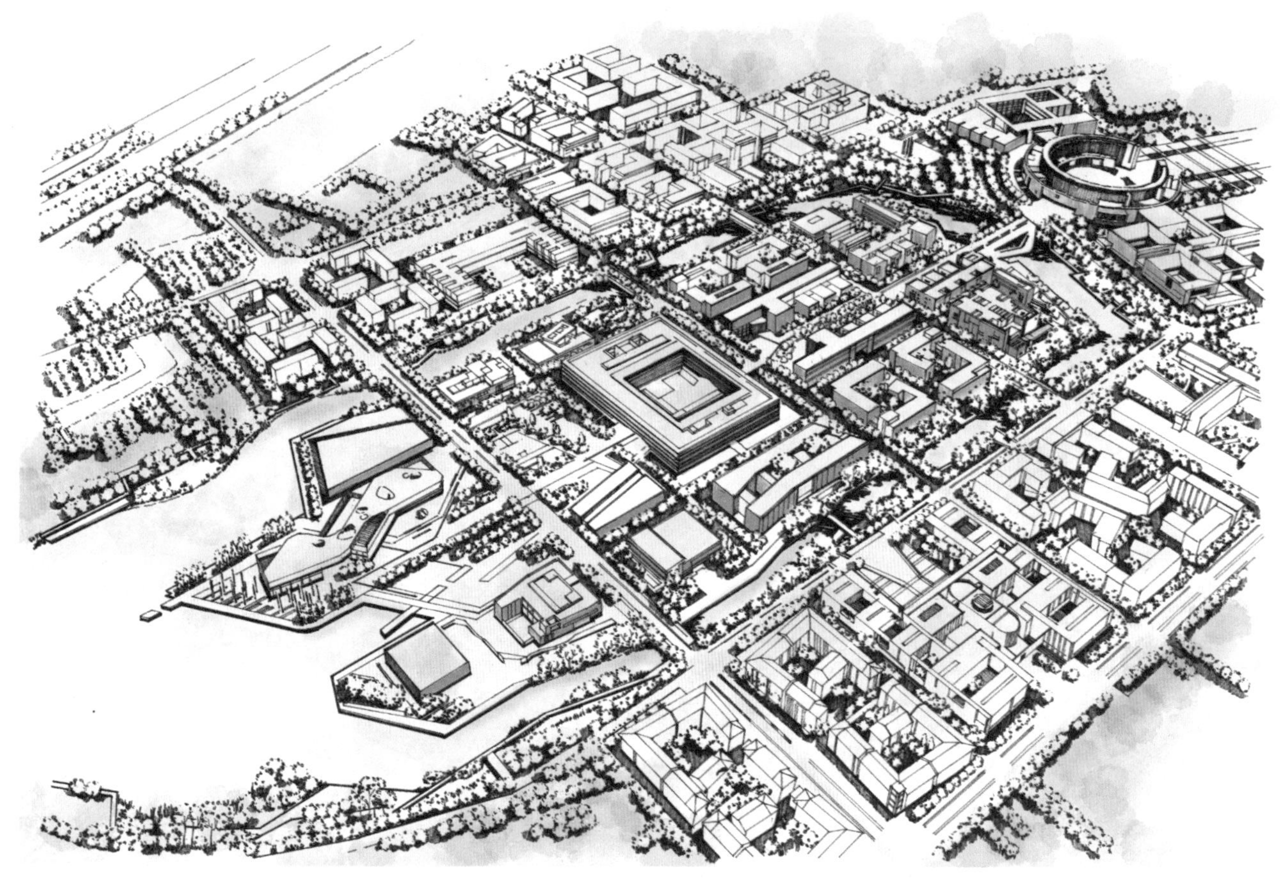

天津大学新校区景观设计鸟瞰图（二）步骤 2

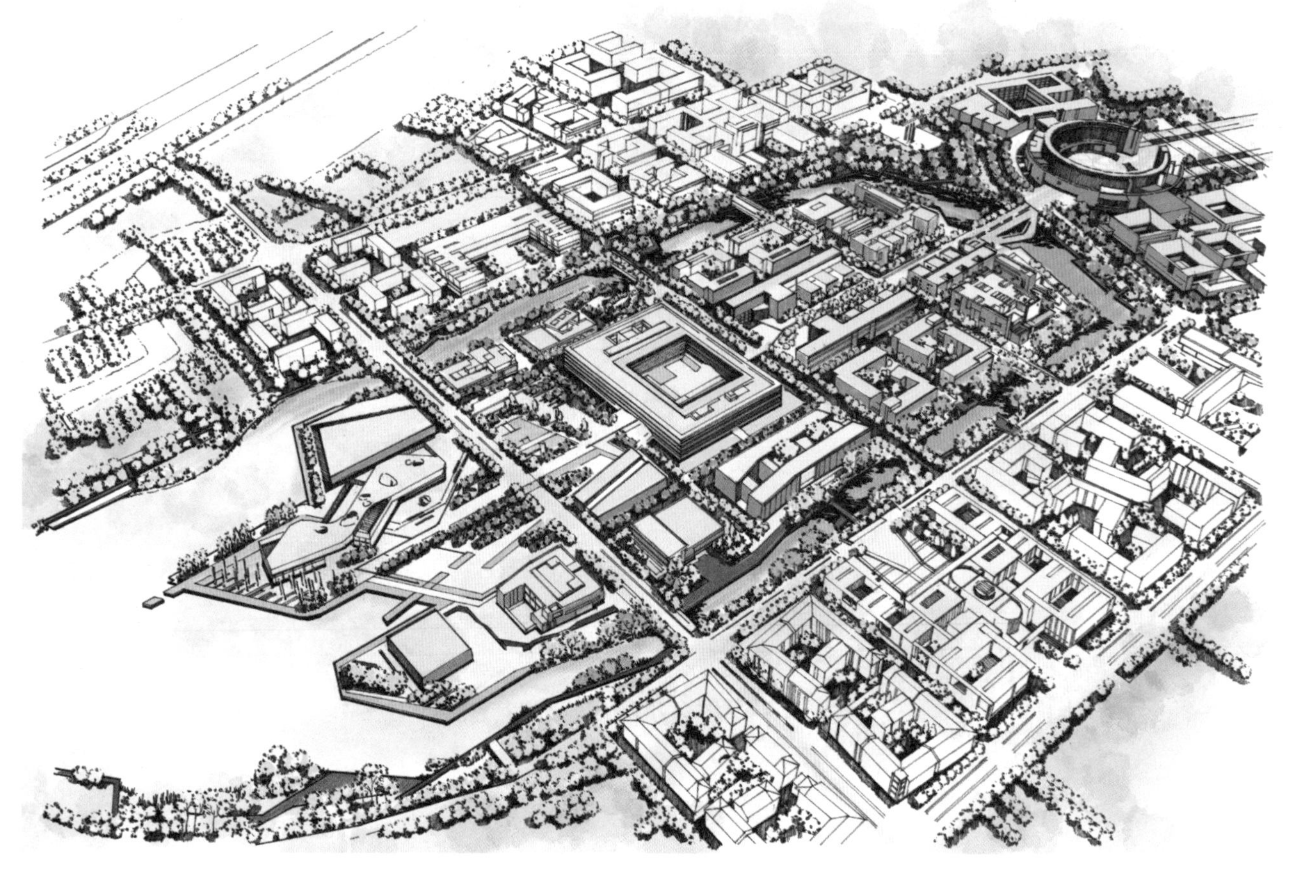

天津大学新校区景观设计鸟瞰图（二）步骤 3

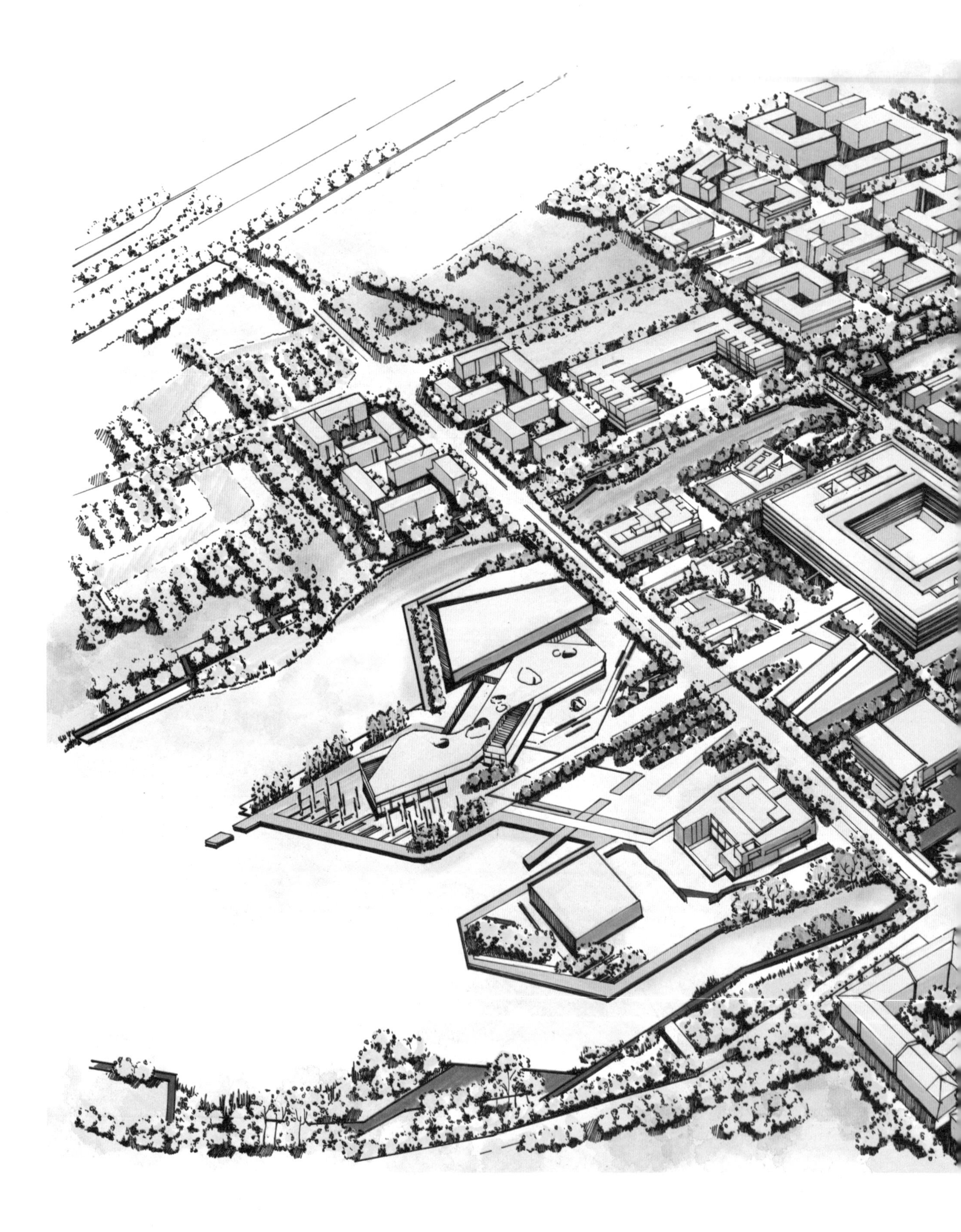

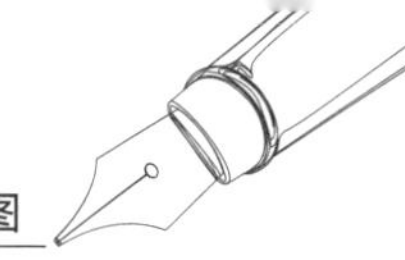

天津大学新校区景观设计鸟瞰图（二）步骤 4

新校区兴建北洋园以纪念北洋大学，展现天津大学的百年沧桑历程。北洋园位于校园主入口区，为景观布局中人文景观轴——十景的起始，隐喻历史之传承，展现百年之筑梦。

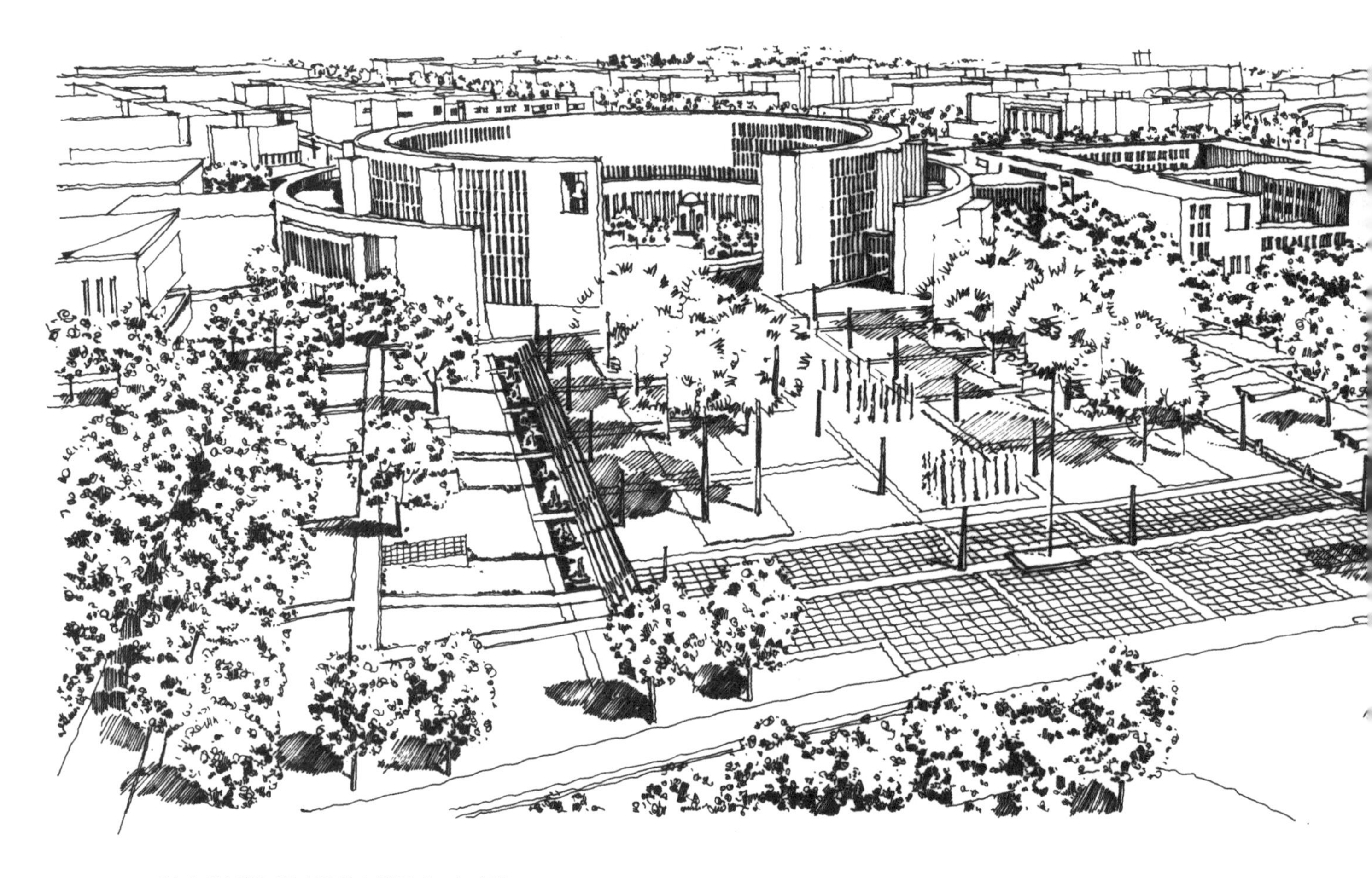

天津大学新校区景观设计鸟瞰图（三）步骤 1

表现图选择北洋园作为表现中心，前后景物的虚实变化使得画面空间具有延展性，在表现过程中，对主体重点着墨，非主体大胆省略，给人以强烈的视觉张力。将作为远景的各学院建筑进行虚化、弱化，这样有助于组织整个环境的空间层次，正是言有尽而意无穷。

天津大学新校区景观设计鸟瞰图（三）步骤 2

该表现图为新校区北洋园的透视图，一点透视是表现图中常用到的透视规律，设计者要正确表达立意构思及图面效果，首先要保证各个景物元素的比例、尺度及空间关系，遵循科学的透视法则，才能使画面具有真实性。

天津大学新校区景观设计透视图（一）步骤2

天津大学新校区景观设计透视图（一）步骤1

生意盎然的生态湿地景观，是亲近自然的最佳场所，为校园景观增添了别样的生机。水体驳岸为使用者提供舒适宜人的漫步空间和亲水环境。湿地集美观和生态功能于一体，驳岸的设计与自然弯曲的水岸形态搭配，形成层次丰富的视觉效果，同时也形成了栈桥式的亲水岸线。生态湿地中水生植物与亲水木栈道穿插交错，人与湿地零距离接触。利用河岸高差，沿河布置休闲步道，形成景色优美的临水环境。

一张好的效果图离不开细腻的钢笔画稿，离不开对于植物结构的把握，注重植物配置的层次才能营造出丰富的场景。该表现图为新校区湿地景观的透视图，各个形象元素的材质效果通过钢笔线条的粗细、疏密、虚实、曲直来表现。景物表面的颜色深浅、光影变化及光滑或粗糙的质感被表现的准确逼真，这样有助于生动营造整体场景的山林清幽，流水潺潺的自然景观效果。

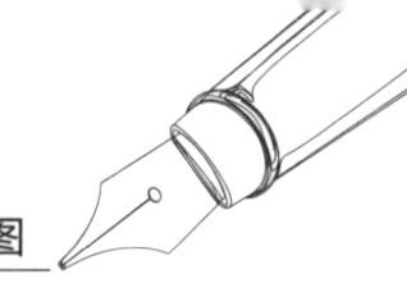

天津大学新校区景观设计透视图（二）步骤 2

着色需要设计者融入能动性思维，以设计的方法分析各个元素的冷暖、虚实关系。整体湿地透视图的着色采用淡雅的色调，营造“清水出芙蓉，天然去雕饰”的效果。

天津大学新校区景观设计透视图（二）步骤 1

天津大学新校区景观设计透视图（三）步骤 2

水系驳岸以自然式景观为主，高大绿色大冠幅乔木、乔灌木植物和观花树种以自然式排列，中间铺设木栈道，营造曲径通幽的氛围，使人们有种呼吸大自然的感觉。

天津大学新校区景观设计透视图（三）步骤 1

透视图通过变化的线条勾勒景物元素的形体、空间层次、光影变化及质感，不需繁复的修饰和烘托。线条柔韧流畅，展现出线本身的韵味，使观赏者产生灵动的视觉感受。由整体的视角描绘亲水木栈道及丰富的花境、郁郁葱葱的树木，以展现自然生态的景观，注意避免笔触流于细碎。

世纪大道位于校园主要的景观轴线上，路旁配植高大乔木，并结合有草坪花篱。世纪大道记载了天大的历史发展和北洋的血脉传承，同时熏陶提高年轻学子的生态审美。

表现图选用一点透视，赋予画面秩序感与节奏感。墨线与着色笔触均采取简洁明快的手法，透视图表现出“淡泊明志，宁静致远”的氛围。

天津大学新校区景观设计透视图（四）步骤 2

天津大学新校区景观设计透视图（四）步骤 1

景观设计分析了新校区整体及其周围环境情况，结合中国传统景观文化理论，浓缩出三个石景布局：其一是位于青年湖湿地景观环境中的一座叠石山景，将其作为新校区景观环境中心轴线的底景；其二是位于行政楼西北角位置上的土生石景观，造型如茂盛生长的尖笋状，冲天直上；其三是位于机械教学组团中的土生石景观，外形仿佛灵动秀丽的山峰，这三者共同构成了三足鼎立之势，祝福天津大学未来的发展一帆风顺。

天津大学新校区景观设计石景——行政楼土生石景

用长线条勾勒出景石整体轮廓，运用线的不同疏密组构产生色调层次上的差异，线条在交叉过程中，层层叠加，精细刻画；着眼全局才能做到虚实相间、统一多变，生动表现整体景石。

天津大学新校区景观设计石景——青年湖叠石山景

天津大学新校区景观设计石景——机械教学组团土生石景

4.2 河南省开封市书店街提升复兴设计表现图

开封书店街位于古都开封市中心繁华商业区，是开封古城历史风貌的典型街道，原汁原味地保存着具有地方特色的古典建筑，也保存着晋阳豫、包耀记、陆稿荐等百年老字号店铺。该街北宋称“高头街”，明代称“大店街”，清代因街内多经营笔、墨、纸张、书籍，故名“书店街”。开封市政府 1986 年对沿街建筑全面整修，2011 年又对该街进行了重新改造，使这条历史文化街区真正成为购物、观光旅游的景观街道。街区提升复兴设计注重提升高端文化品质、丰富空间层次、营造宜人休闲空间。

开封书店街提升复兴设计透视图（一）步骤 2

开封书店街提升复兴设计透视图（一）步骤 1

设计保留原有街区空间尺度及高大古树、古井，提炼豫剧、汴绣、剪纸、风筝等传统元素，设计具有民俗特色的景观小品。

在表现图的线稿绘制阶段，注意将街区中景物阴影关系表现明确，并注意展现前景与远景的空间层次；着色注意固有色及前后色的冷暖关系，通过明确的颜色将街区的建筑、小品、植物、地面、人物等区分开来。

开封书店街提升复兴设计透视图（二）步骤 2

开封书店街提升复兴设计透视图（二）步骤 1

书店街提升设计设置开放空间，取消部分建筑，留出空地，设计景观节点，部分建筑里面后退，形成半开放空间，填埋部分水沟，设计类似“井台”的空间，保留原有交通联系，引入灰空间并结合景观水池，丰富街巷空间层次，传达传统街巷的曲折空间，提升空间品质。

开封书店街提升复兴设计透视图（三）步骤 1

开封书店街提升复兴设计透视图（三）步骤 2

开封书店街提升复兴设计透视图（三）步骤 3

开封书店街提升复兴设计透视图（三）步骤 4

着色步骤中，在将天空、建筑、地面、植物铺上大的色块之后，细致刻画，增加一些画面色彩，注意各景物亮部的高光留白，并将暗部适当加重，以便拉开空间关系。

街区中的建筑高低错落，层高只有一、二层，以黑、白、灰为主色调；青砖铺地，尤显古朴、典雅。

开封书店街提升复兴设计透视图（四）

提升设计中增加休闲平台，设计露天茶座，吸引游人驻留。休闲平台多与古树、树池相结合，营造亲水空间。

开封书店街提升复兴设计透视图（五）步骤 1

开封书店街提升复兴设计透视图（五）步骤 2

在铺设了大概的色彩关系之后，需要用重色进行加深和点缀，对于前景和画面视觉中心的部分深入刻画细节，适当注意暗面的色彩协调，注意笔触表现干净、明朗。

4.3 天津市滨海一号景观规划设计表现图

“滨海一号”项目位于天津市滨海新区黄港起步区内。项目占地面积 17.4 公顷。建筑为中式风格，包括酒店主体建筑、温泉四合院、会议中心、餐饮区、康体中心、贵宾四合院及员工生活楼。

滨海一号景观规划设计融南北贯中西，项目中央主题部分采用中国古典园林的设计手法， 通过叠石理水、筑山花木以及景观建筑的设计，将江南私家园林的明媚秀丽与北方皇家园林的富丽开阔进行巧妙融合，形成了滨海一号古韵鲜明的景观意境。

滨海一号景观规划设计透视图（一）

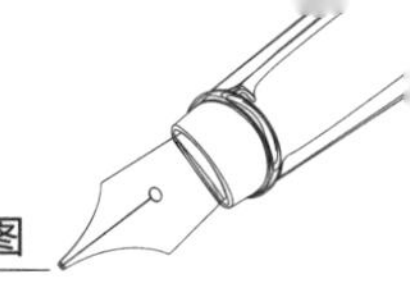

滨海一号景观规划设计透视图（二）

4.4 天津市武清区未来城住宅小区及公园景观设计表现图

该项目位于地处天津市武清区南部的王庆坨镇六街。其建设用地分为两个功能块，即未来城住宅小区建设和原六街公园的改造。六街公园位于王庆坨镇北环路以南，景观规划布局采用三中心多轴线形式。即六街公园大景观中心、北侧住宅用地内带形公园中心和东侧住宅用地内小公园中心。

强烈的中央景观轴线从公园入口广场，通过有序的生态景观大道，把人们便捷地引入中心广场和书画广场，并直达湿地景观区，轴线空间的设计将原本有限的空间从视觉上进行拓展和延伸，增加了空间的秩序感，并突出轴线系列上的重要空间。

公园湿地尊重基地水循环规律和模式，软化湖底及护坡，采用自然生态堤岸，促进地表水的交换与循环。软性驳岸有平缓的边坡，以自然的土壤、木材、石材及植物砌成，营造动植物的自然廊道栖息地。部分驳岸采用了木栈道及亲水平台、台阶等以增加亲水性。

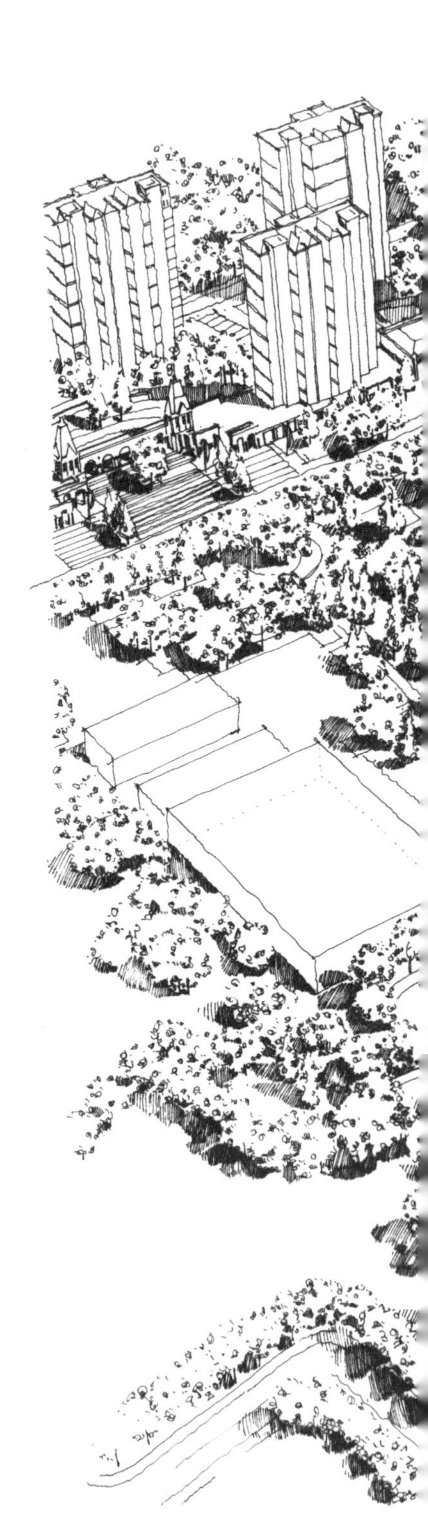

表现图为鸟瞰视角，通过对线的粗细、疏密、虚实、曲直组织画面，诠释景物元素的形体、空间层次、光影变化及质感。对于公园内的景物，描绘时切忌拘泥于细节，使刻画效果流于细碎。应从大局出发，确定整体景物的明暗面，对物体进行大胆取舍，高光部分忽略其固有色进行留白处理，阴影面则重点着墨，以衬托景物的受光面，增强其立体感。

天津市武清区未来城住宅小区及公园景观设计鸟瞰图步骤 1

第一层颜色不要过多，找出大的景物关系即可，要注意冷暖颜色的对比。

天津市武清区未来城住宅小区及公园景观设计鸟瞰图步骤 2

进一步细部刻画，控制整幅画面的明暗、材质的变化，注意对景物的高度概括，增加植物的点缀色，丰富画面。

天津市武清区未来城住宅小区及公园景观设计鸟瞰图步骤 3

加深暗部，塑造细节。增加对建筑的明暗面区分，但要在近景和远景的范围内变化，体现近实远虚的原则；植物的着色采用由近到远，由冷及暖的手法，增加画面的层次感；注意水面的高光和阴影，画面要干净、明朗。

天津市武清区未来城住宅小区及公园景观设计鸟瞰图步骤 4

透视图中恰当地运用光与影，画面产生体积感，使整幅表现图景更加出色。光可以用来形成突出部分，以引导观看者的目光停留在某一点上。可以说，光的对立面是阴影，两者共同突出画面的立体感。

天津市武清区未来城住宅小区及公园景观设计透视图步骤 1

天津市武清区未来城住宅小区及公园景观设计透视图步骤 2

天津市武清区未来城住宅小区及公园景观设计透视图步骤 3

马克笔和水彩结合作画时，水彩可用于增加色彩之间过渡部分的柔和性，可用于大面积的着色铺底。在收尾的部分，用马克笔表现图面上较精彩的部分，运笔需干脆利落。

天津市武清区未来城住宅小区及公园景观设计透视图步骤 4

4.5 天津市环湖医院迁址新建项目环境景观设计表现图

该项目的景观设计结合环湖医院的场所精神和空间氛围，不仅满足大量人流疏散的广场空间，同时打造花园式的景观环境，让病人、访客和医务工作者共同享有舒适宜人的美景，为在一片紧张的灵魂世界中生活的人们提供空气清新的季节性绿洲。

宜人的环境本身会对病人康复产生积极的作用，通过这一主题的设计构思，让人无论是身处广场中、经过花园旁，还是在建筑中向下俯瞰，都可以欣赏到美丽景观，整体设计给人一种开放中蕴含着内敛，自然中流露出舒缓的感觉，各个景观元素井然有序的相互联通。

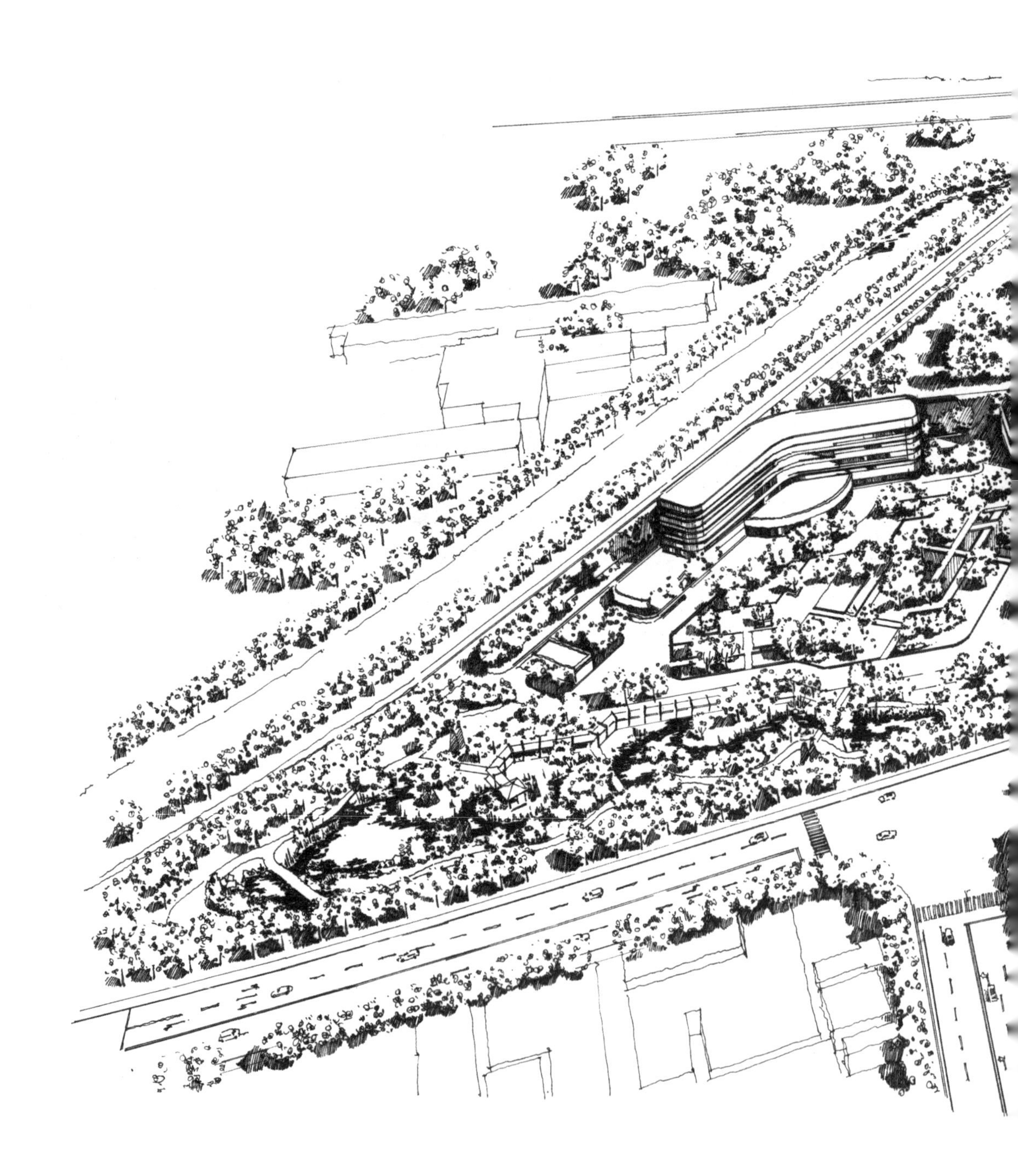

表现图为环湖医院鸟瞰图，画面布局构图讲究疏密相间，这样有助于拉开画面中场景的空间层次。稀疏的画面往往过于平庸，苍白无力、感染力差；过于密集的线条又使画面沉闷压抑。画面需详略得当，松紧有致，疏可走马、密不通风的疏密穿插才会使画面富于生命力。

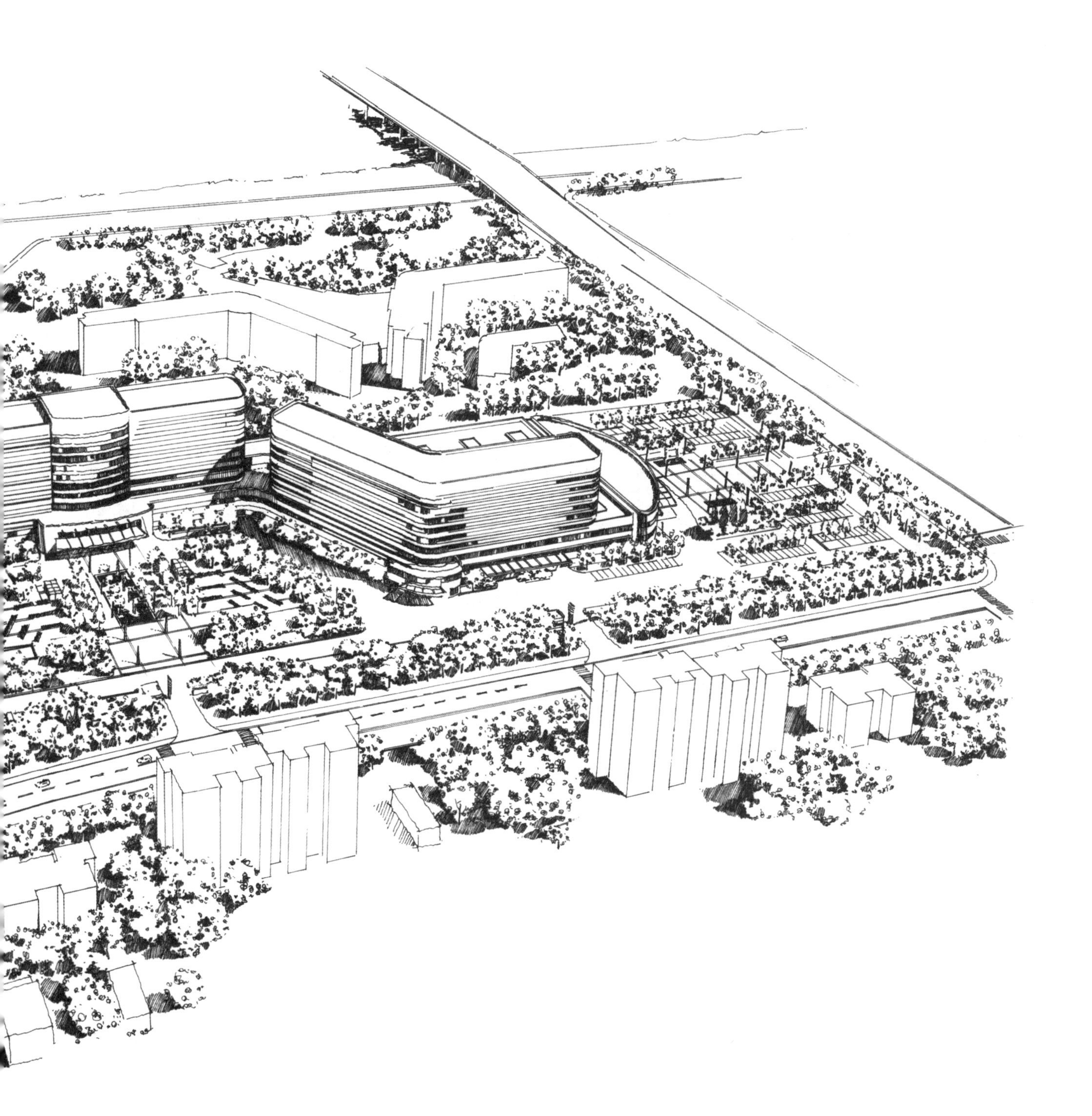

天津市环湖医院迁址新建项目环境景观设计鸟瞰图步骤 1

铺设基本色调，颜色要概括而富有感染力，以区分建筑、硬质广场、植物、道路等的空间关系，注意控制画面色彩以防叠加出浑浊的效果。

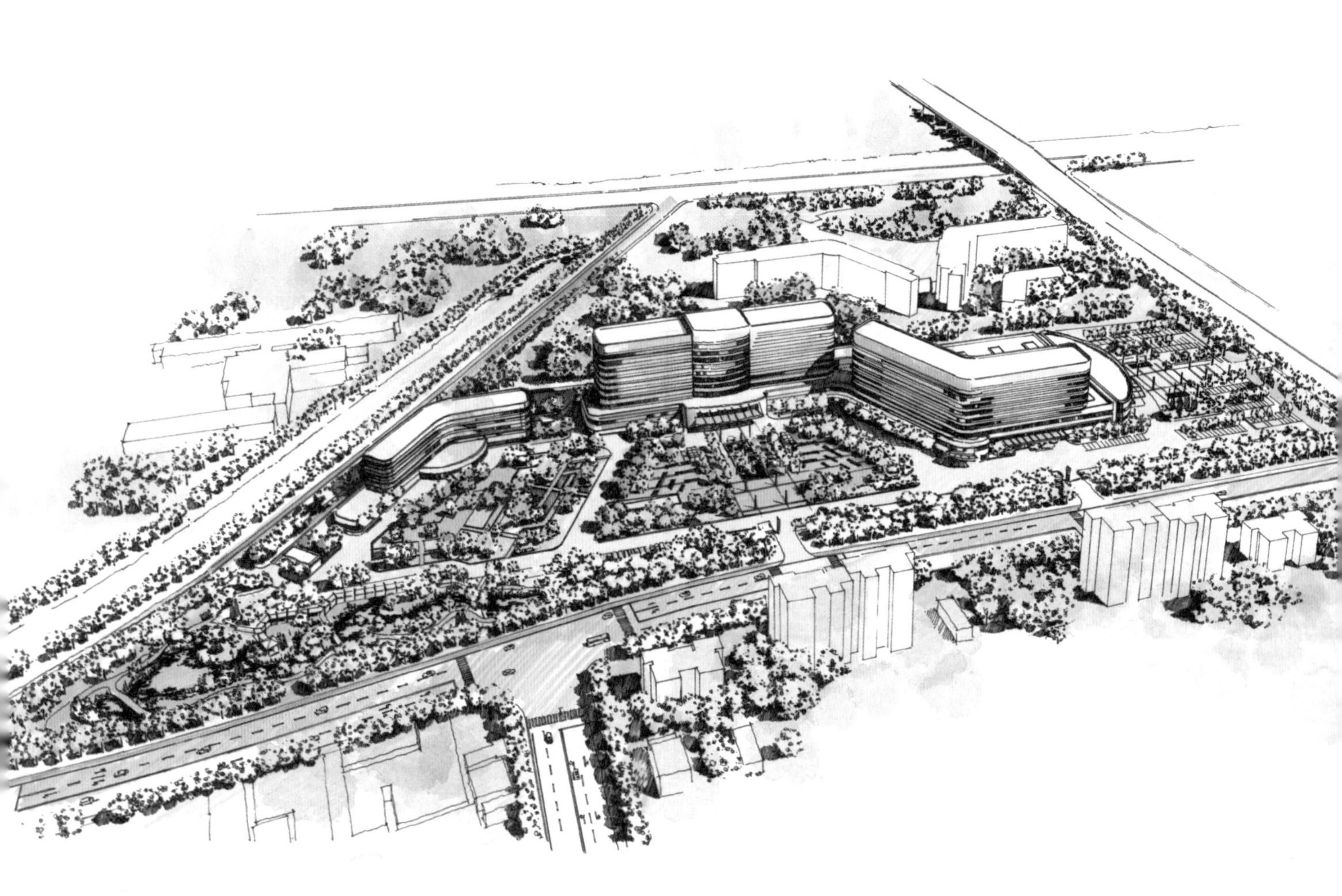

天津市环湖医院迁址新建项目环境景观设计鸟瞰图步骤 2

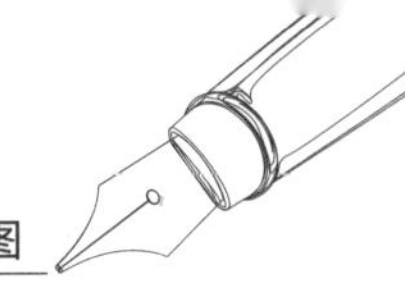

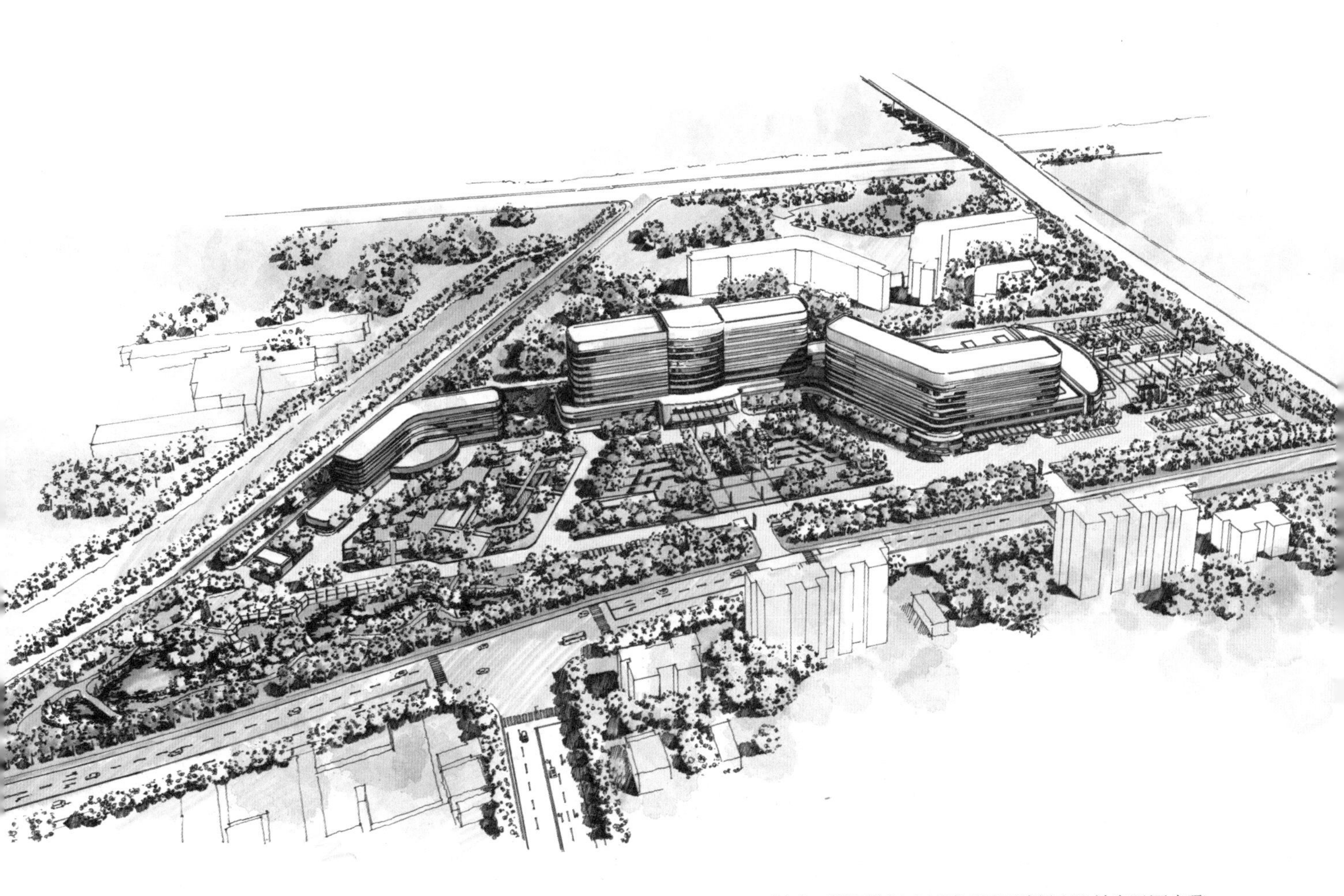

天津市环湖医院迁址新建项目环境景观设计鸟瞰图步骤 3

在鸟瞰表现图中，光感在画面中起到至关重要的作用，因此注意景物高光的留白。较好的光感表现可以使物体对比强烈，立体感强、色彩明快，反之则画面黯然失色。

调整画面的整体关系，突出画面的重点，加强细节刻画，适当加入一些小的植物色彩细节以丰富画面效果，最后统一画面的色调。在着色过程中，始终体现对比中求和谐，统一中求对比，展现富于均衡的对比。

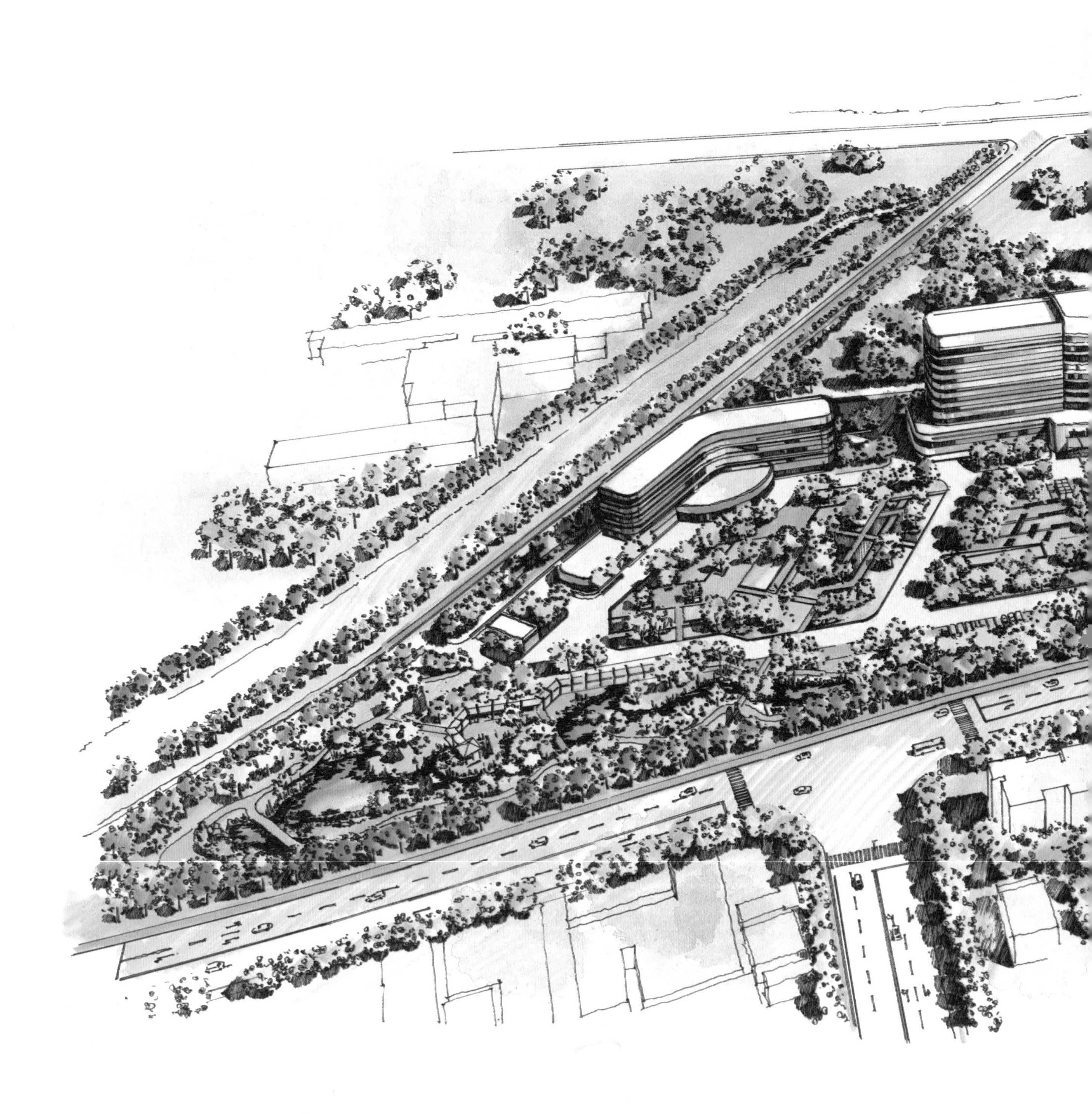

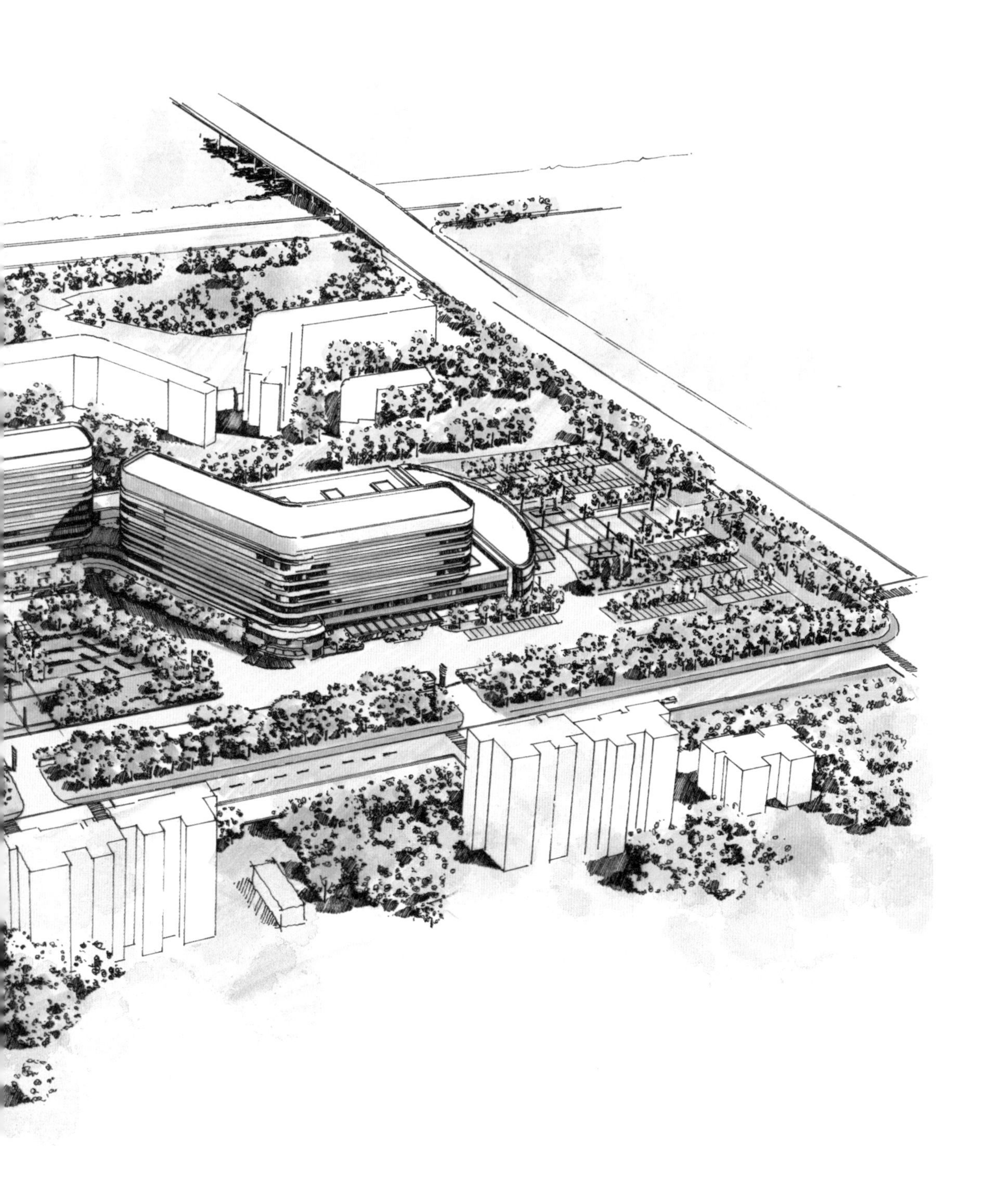

天津市环湖医院迁址新建项目环境景观设计鸟瞰图步骤 4

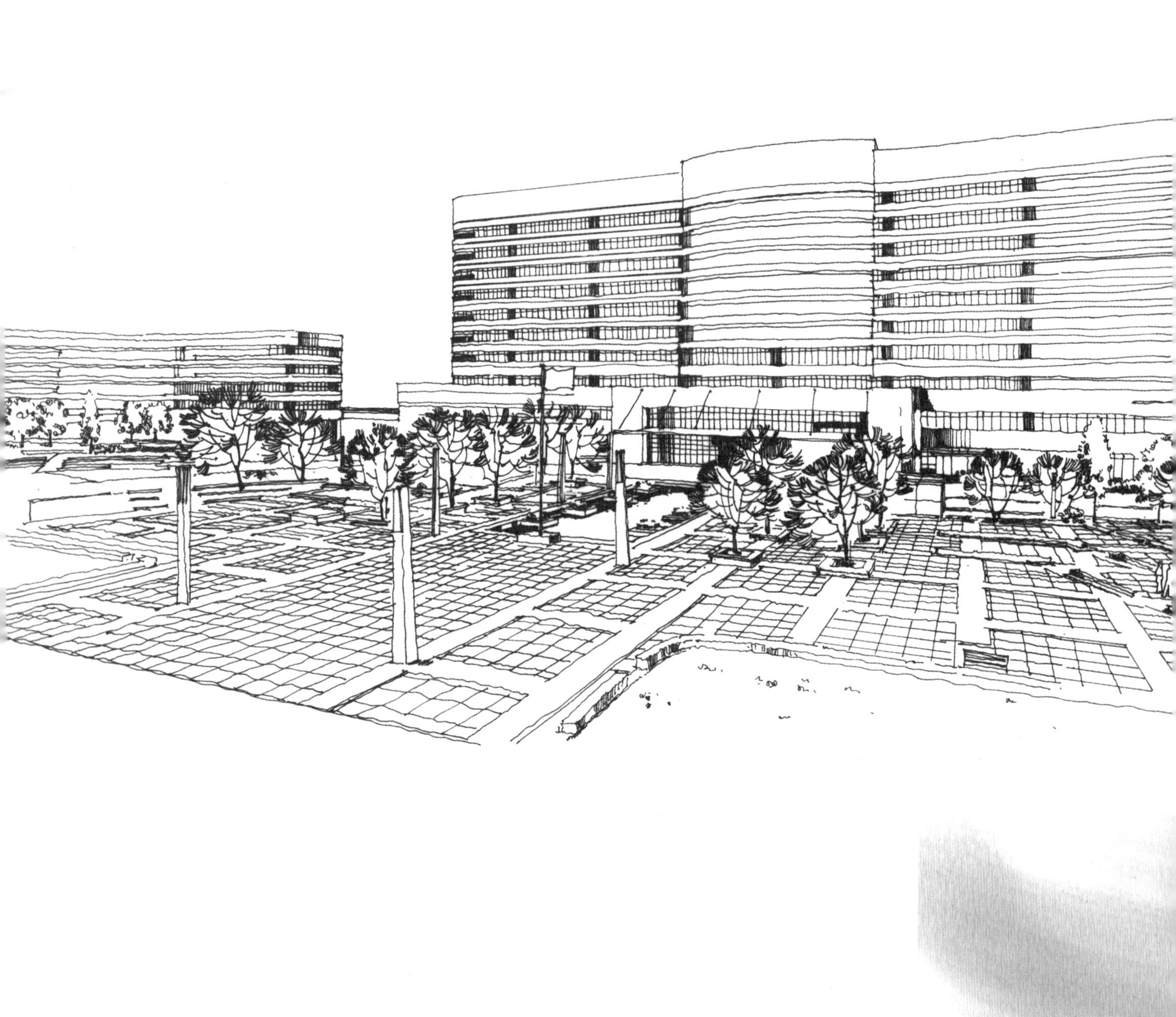

天津市环湖医院迁址新建项目环境景观设计透视图步骤 2

透视图严谨的空间表现需根据设计的重点确定视平线及视点，并确定画面的前景、中景、远景的空间位置关系。

天津市环湖医院迁址新建项目环境景观设计透视图步骤1

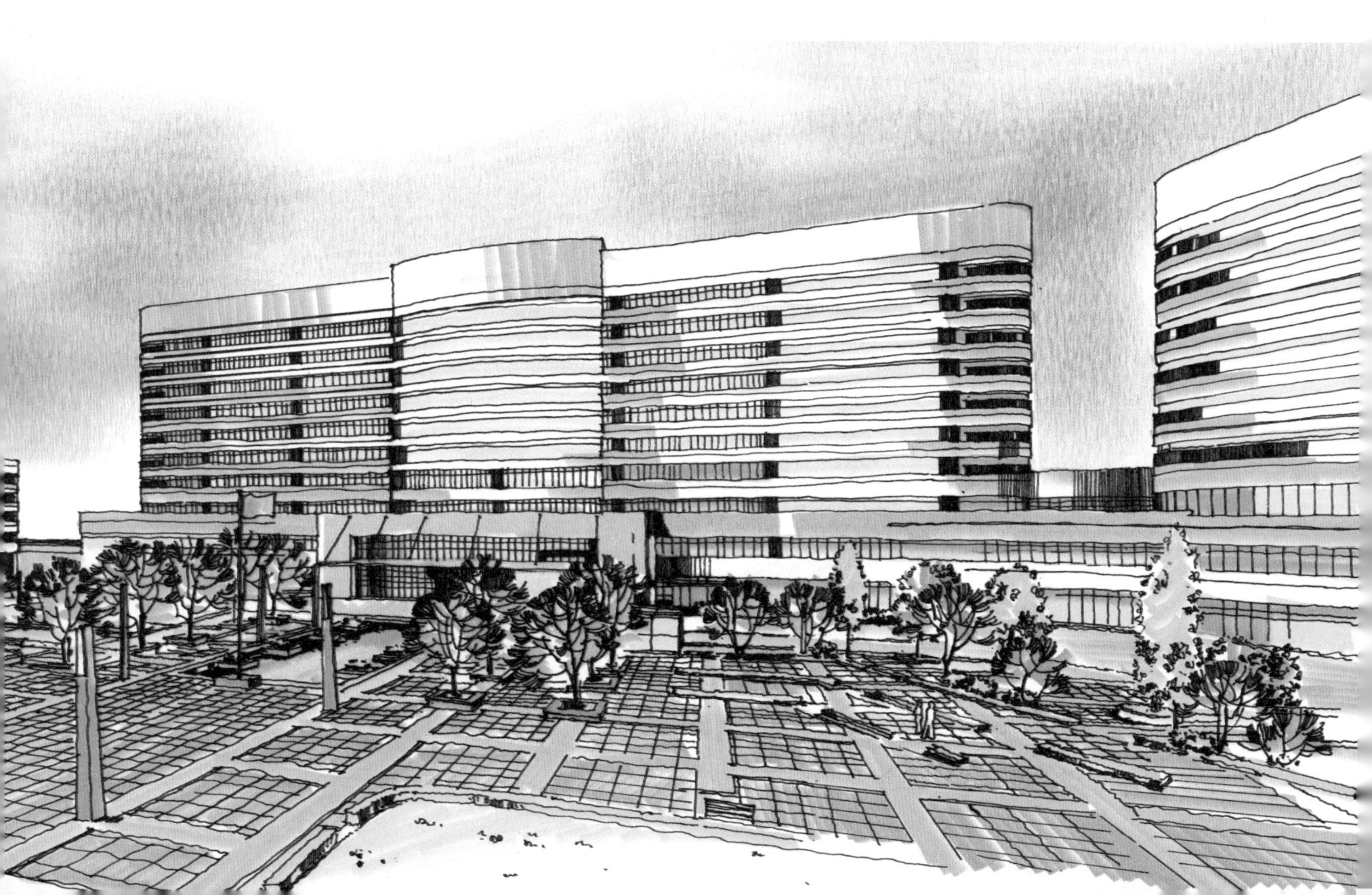

4.6 海南省海口市海阔天空住宅区景观设计表现图

图中描绘的是异域风情主题式住宅区景观，项目所在地为海南省海口市。

表现图为鸟瞰视角，表现居住区交往空间，画面由住宅区内中心水系展开，主景明暗对比强烈；景观与建筑描绘都遵循疏密相间、虚实相生的原则，形成整体画面的韵律感；远景明暗调子对比较弱，与周围环境相融。表现图通过对线的粗细、疏密、虚实、曲直组织画面，诠释了景物元素的形体、空间层次、光影变化及质感。

海南省海口市海阔天空住宅区景观设计鸟瞰图

4.7 天津市宁河县梦幻古海岸湿地公园景观规划设计表现图

表现图为湿地公园景观，公园地点为天津市宁河县七里海，七里海湿地作为研究渤海湾西岸古海岸带变迁的遗迹而闻名于世。

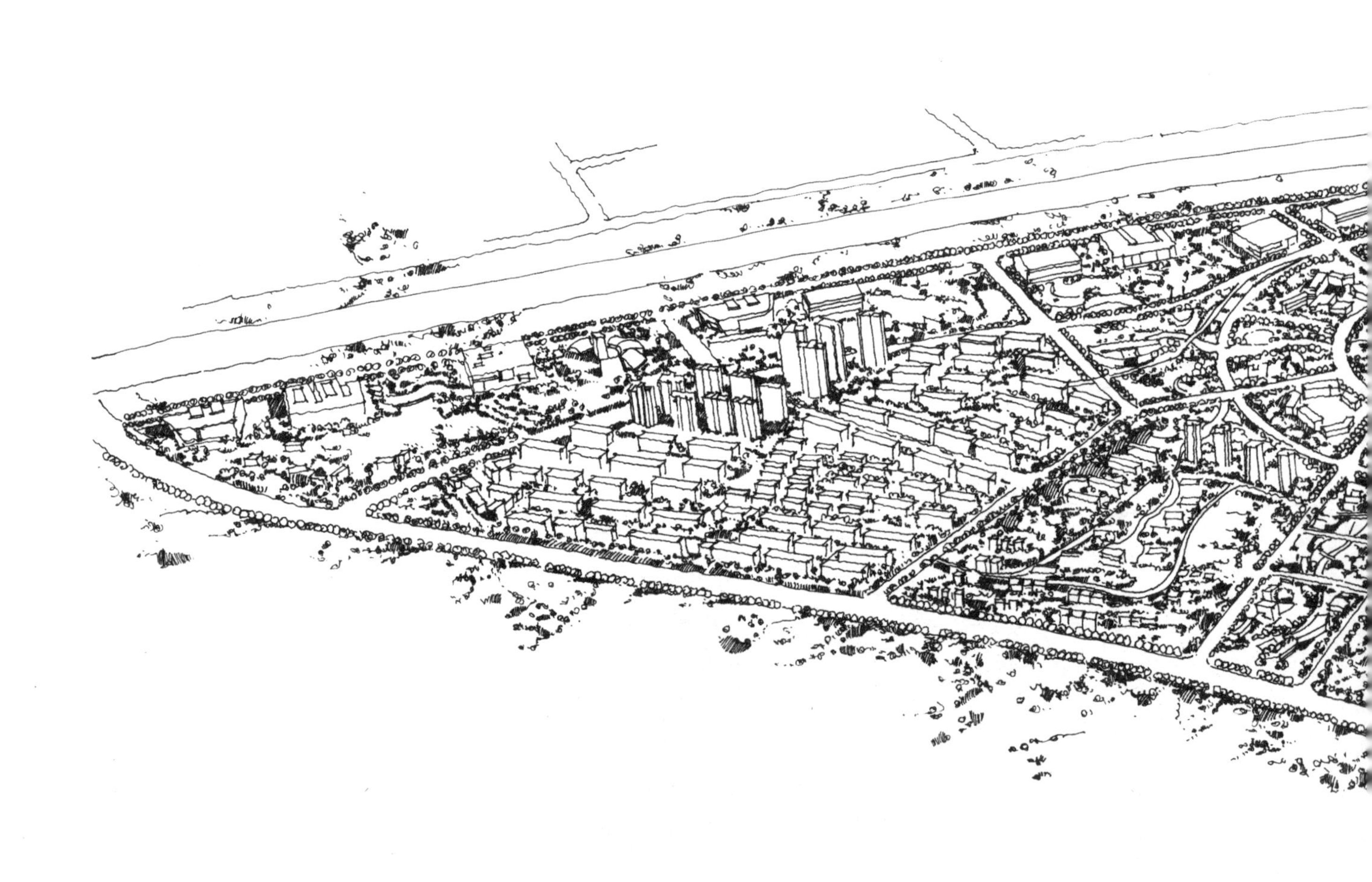

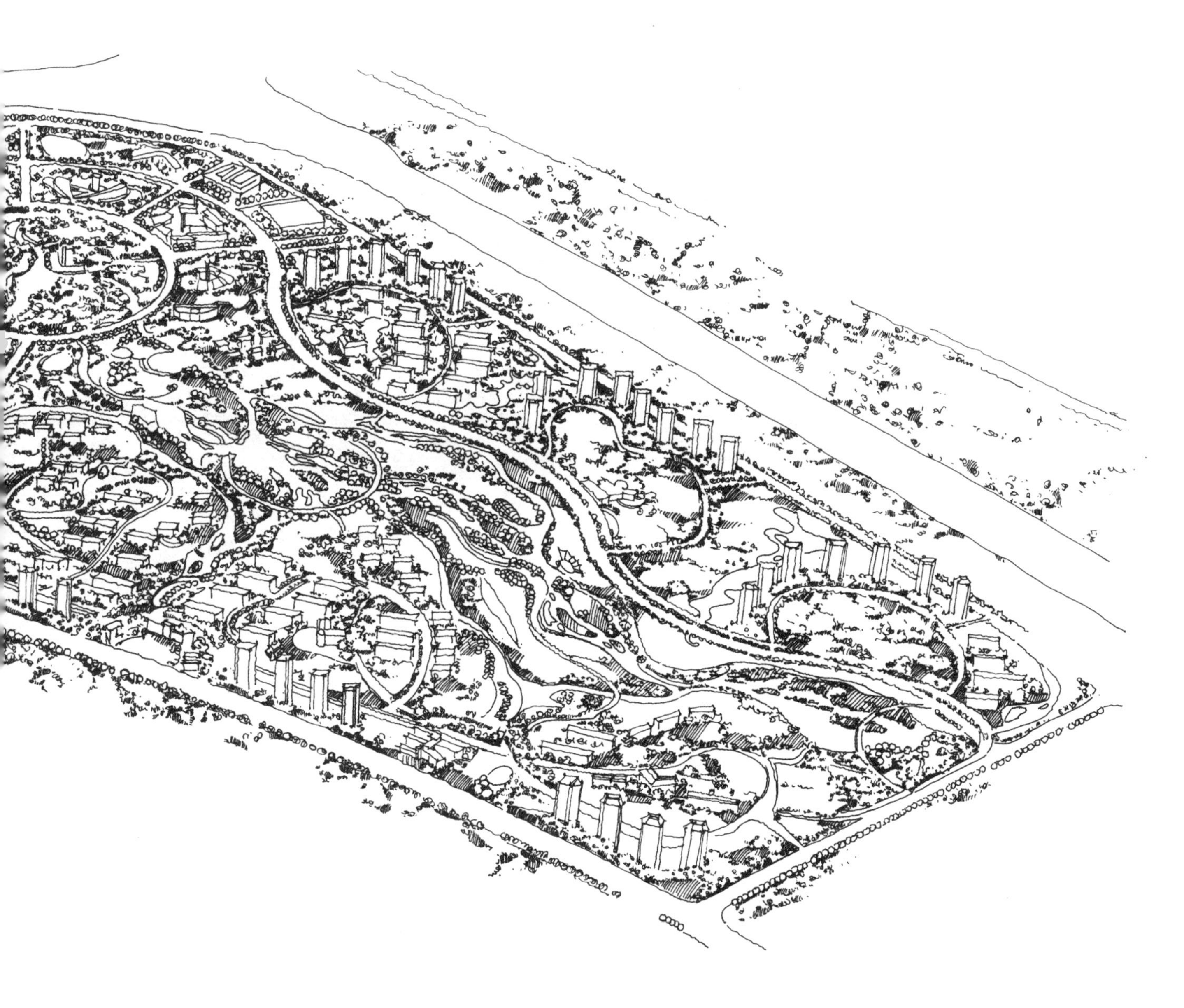

天津市宁河县梦幻古海岸湿地公园景观规划设计鸟瞰图步骤 1

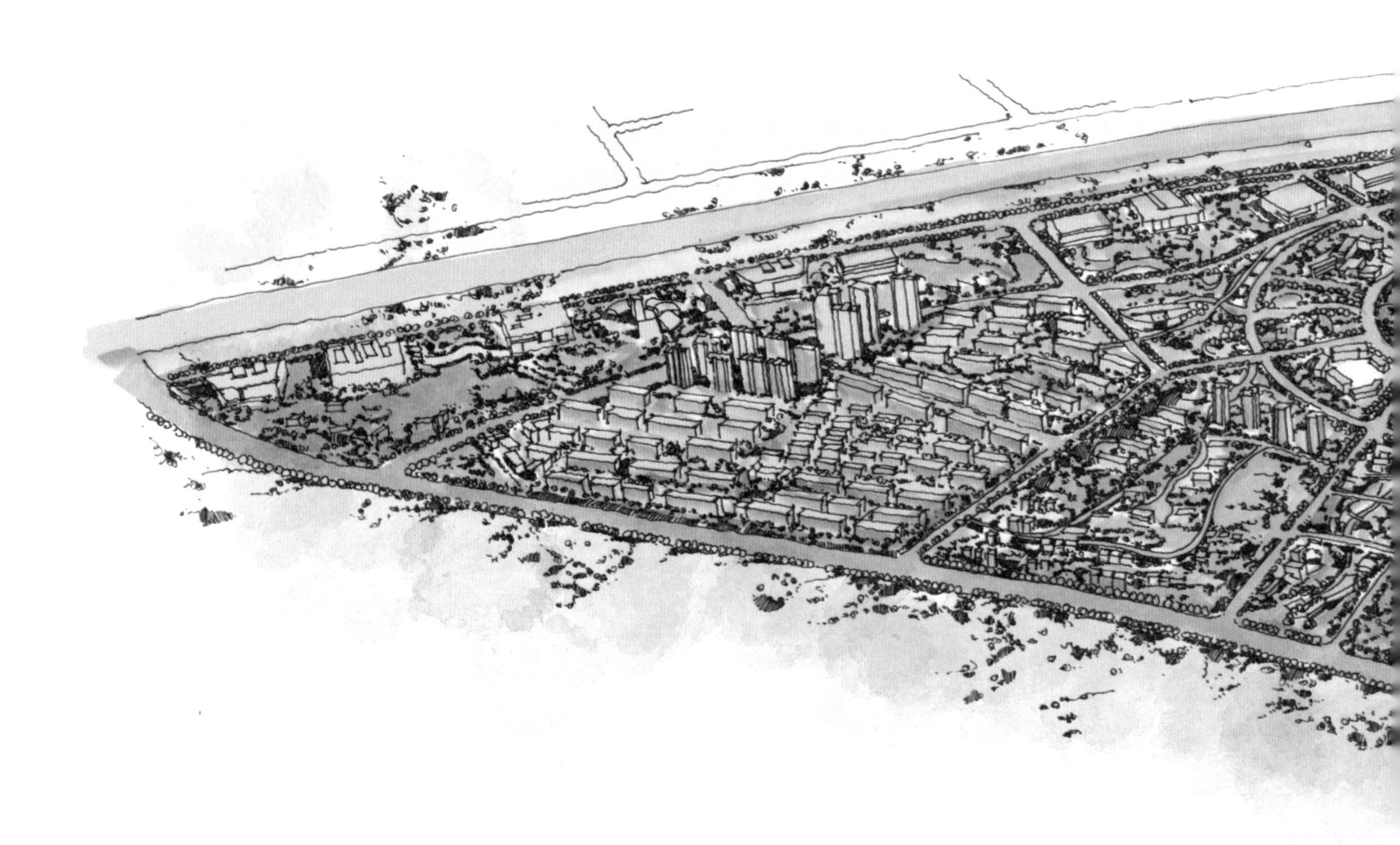

鸟瞰图选取项目东部为主要表现点，重点着墨，明暗对比度较强。河岸植物以芦苇群落为主，繁茂的自然植物体现出自然、自由的原生态栖息场所，画面注意岛与水的融合，通过水生植物的参差错落弱化其边界，采用流畅的钢笔线条表现整座湿地公园的流线性；公园内分布的矮树和高大乔木与退台及硬质铺装形成对比，整幅画面注重直线与曲线、疏与密、虚与实的对比，展现富有趣味的休闲空间。

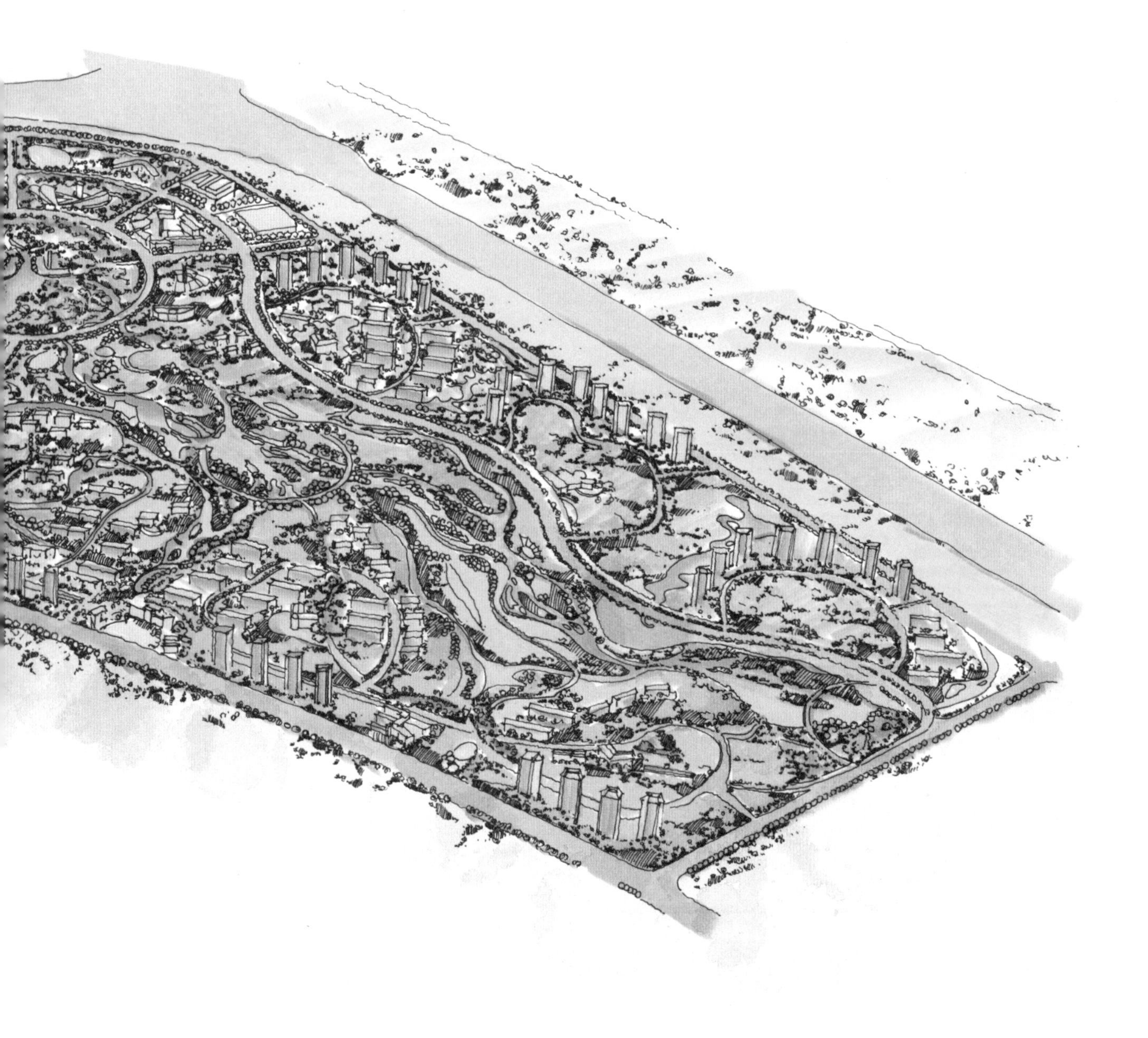

天津市宁河县梦幻古海岸湿地公园景观规划设计鸟瞰图步骤 2

4.8 辽宁省锦州市龙溪湾公园景观规划设计表现图

锦州龙溪湾公园位于锦州龙溪湾新区，用地面积约为 22 公顷，其周围以居民区及市政办公为主，作为市区大型公园，龙溪湾公园具有提高城市生态承载力、满足市民娱乐休闲、提升城市景观品质等多重功能。

园区道路系统完善、有序，层级丰富。景观游览路线层次分明，主次游线结合形式不同的观景平台，将各景点有序连接，形成回转、流畅的观景系统。其中路网、观景平台呈流线状并且两者交互穿插，利用空间的高差、曲折变化，形成丰富的视域、视角，给游人带来丰富多彩的空间体验。

龙溪湾公园景观规划设计透视图—步骤 1

龙溪湾公园景观规划设计透视图—步骤 2

对于前景树木的刻画，加深暗部以及枝叶间的投影部分，强调树木的体积感、厚实感，树叶分组来画，疏密结合。灌木丛由富有动感和虚实变化的短线条组成，小乔木枝叶部分采用自由连续的、不同方向的小弧线重叠交叉的画法，且根据其受光面与背光面，描绘出线的疏密关系。

设计运用丰富多样的艺术化手法和主题化手法反映龙溪湾新区蓬勃发展的美好前景。 在景观分区设计中，结合浮雕、地雕等表现形式，形成序列雕塑景墙、特色铺地等人文体验空间，通过大型独立主题雕塑及情景雕塑群的设置，集中反映锦州龙溪湾的地方特征及发展历程。市民在闲暇游赏的过程中，便可亲身感受城市的历史文脉和地域人文特色，以增加市民的参与性和自豪感。

龙溪湾公园景观规划设计透视图二步骤 1

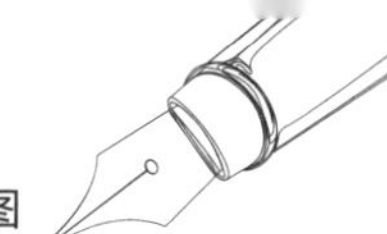

龙溪湾公园景观规划设计透视图二步骤 2

表现图所描绘的景物元素及其空间关系是为诠释设计者的立意构思服务的，所以设计的主体应处于视觉中心。主景较配景而言应更加深入细致的刻画，配景则较为概括以辅助和衬托主景。对比强烈的主景凸显于画面，明暗调子对比较弱的配景与周围环境相融，整幅画的构图才会富于节奏变化，空间层次丰富生动。

表现图中各个形象元素的材质效果通过墨线线条的粗细、疏密、虚实、曲直来表现。景物表面的颜色深浅、光影变化及光滑或粗糙的质感被表现得准确逼真，有助于生动塑造整体场景的氛围。

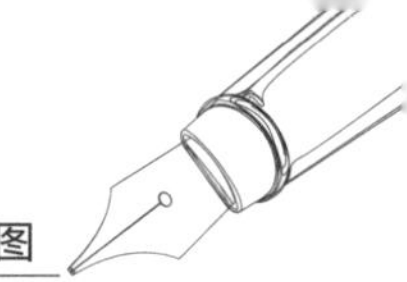

龙溪湾公园景观规划设计透视图三步骤 2

合理设计游览路线及活动空间，分区明确，动静结合，符合当地居民的活动规律，满足居民的生活要求。设计强调人的参与性，例如亲水平台、栈道以及各个广场的设计都为游人提供了良好的互动平台。

龙溪湾公园景观规划设计透视图三步骤 1

在规划布局上，以规划展览馆为实核，喷泉广场、景墙广场为两个虚核，四周多个景观中心节点由一条流动的水带进行连接，形成了三核一带多中心的完整景观构架。园区围绕对三核的观景及参与体验，沿河岸设置大量的观景点，形成沿河两岸互为底景的视线效果，并且结合河道、 道路、平台的动态曲线造型，使行走中的视线变得流动且富于变化。

龙溪湾公园景观规划设计透视图四步骤 2

龙溪湾公园景观规划设计透视图四步骤 1

园区设计紧扣“龙溪”主题。龙文化蕴含着中国文化中特有的兼容并包、多元创新、和谐统一等文化精髓。在设计中，我们将这种传统的龙文化借助龙图形的抽象、简化渗透到设计方案中，通过水系、驳岸、广场、道路的交互作用，形成一种龙腾云跃的磅礴气势。

龙溪湾公园景观规划设计透视图（五）步骤 1

在园区的透视表现图构图中，景物元素如同诗词的韵律和音乐的节奏一样，被组织出抑扬顿挫、轻缓得当的效果，形成前后连贯的有序整体；避免平淡乏味的画面效果，强化主体元素，突出设计主题。

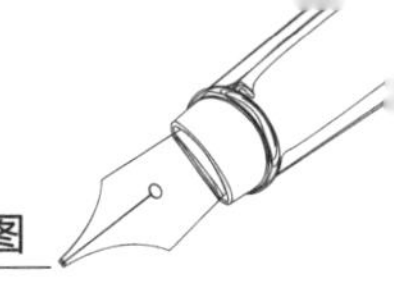

龙溪湾公园景观规划设计透视图（五）步骤 2

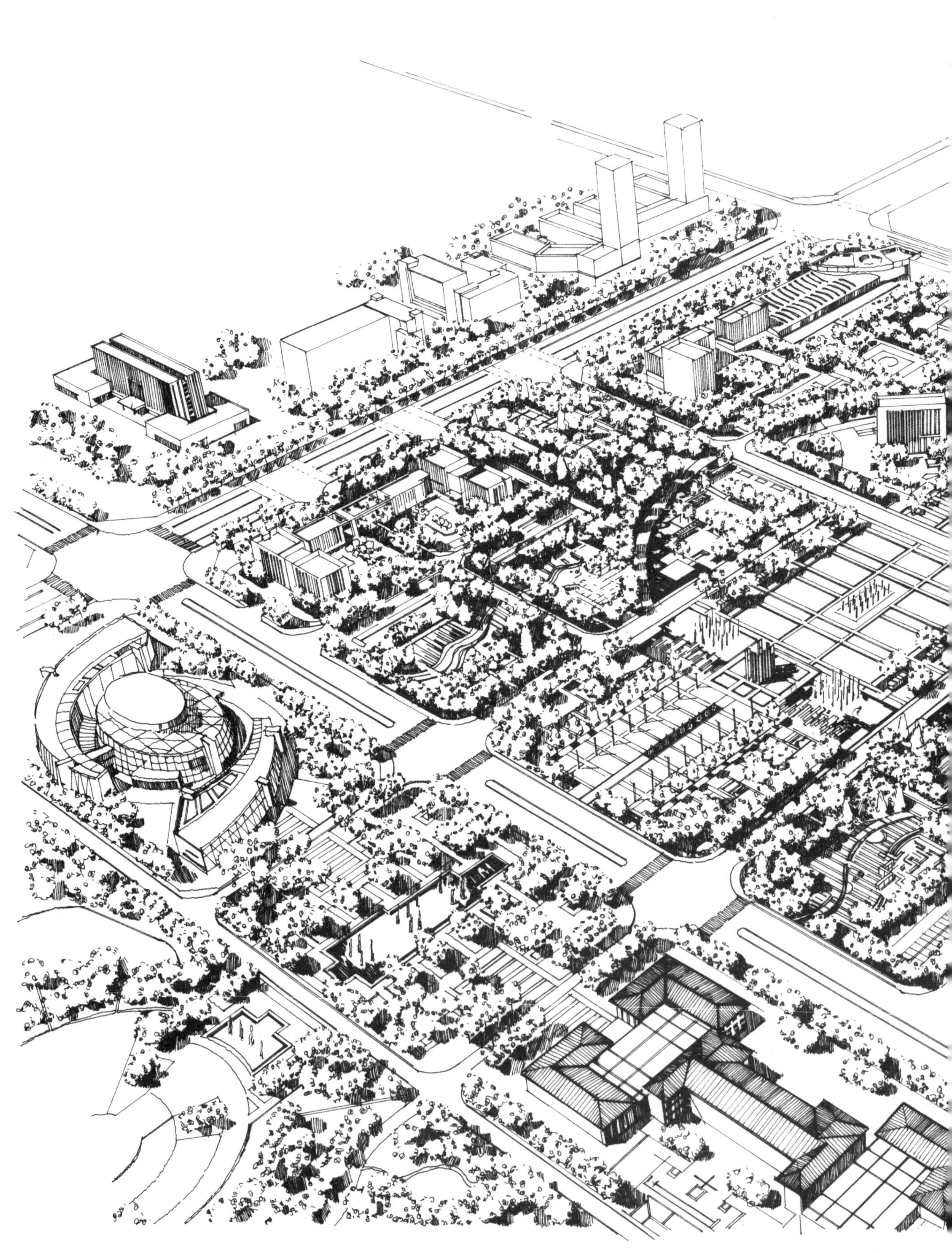

4.9　河南省新乡县行政服务中心景观设计表现图

该市政广场设计的重点在于：集市政办公、游憩、休闲、市民活动为一体的多功能、综合性、文化性、生态型城市广场；总体理念是清政、亲民、文化、生态。

清政——规整严谨的几何形态、有序的空间序列；亲民——人的空间尺度、和谐的景观小品配置、惬意的活动场所；文化——传统本土文化主题的现代诠释；生态——三季开花四季常绿、林荫处处的公园美景。

新乡历史文化悠久，仰韶文化、龙山文化遗址留存至今；牧野之战等重大历史事件发生于此；孔子讲学“杏坛”等人文遗址，使其成为中华民族古代文明的发祥地之一。

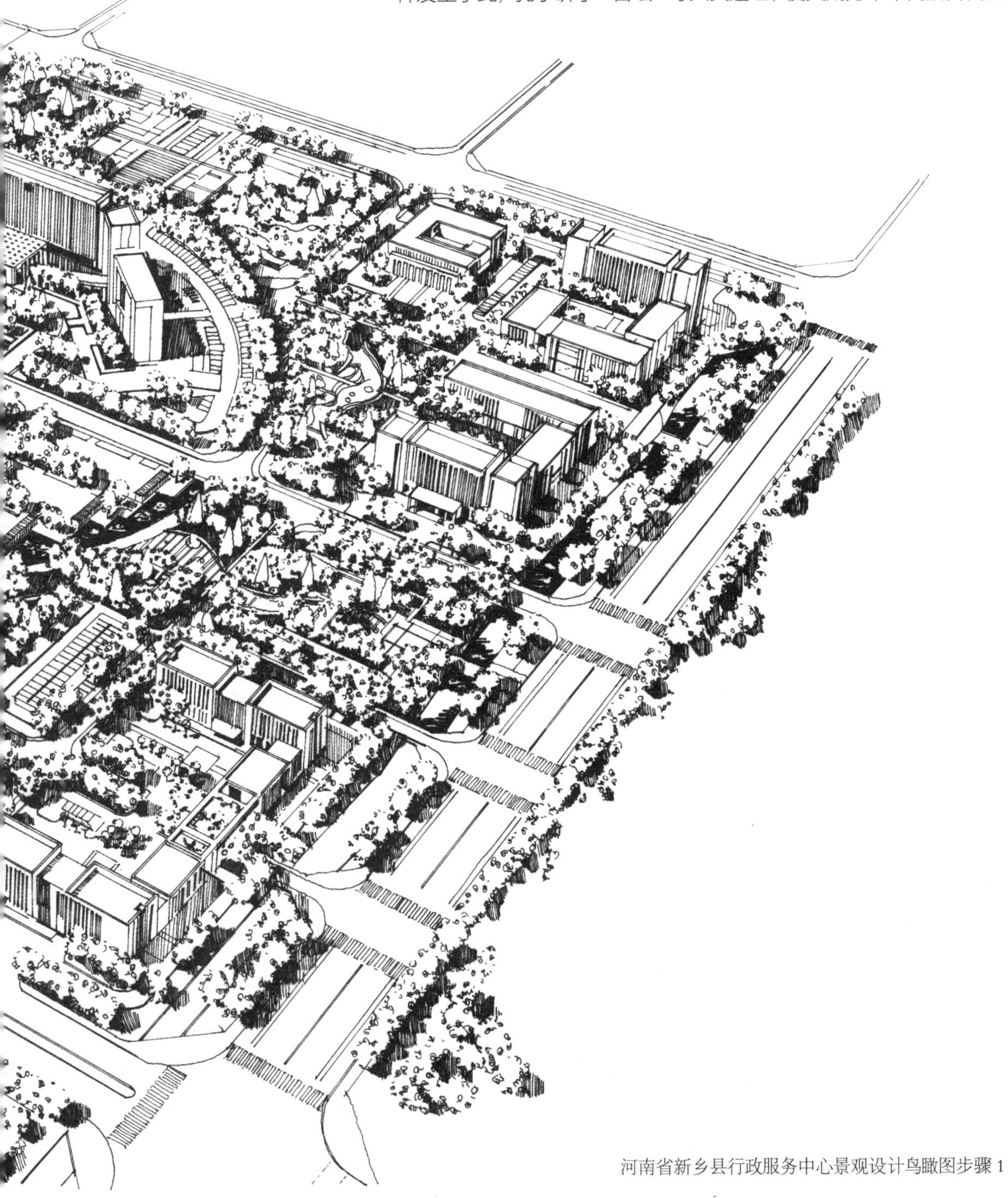

河南省新乡县行政服务中心景观设计鸟瞰图步骤 1

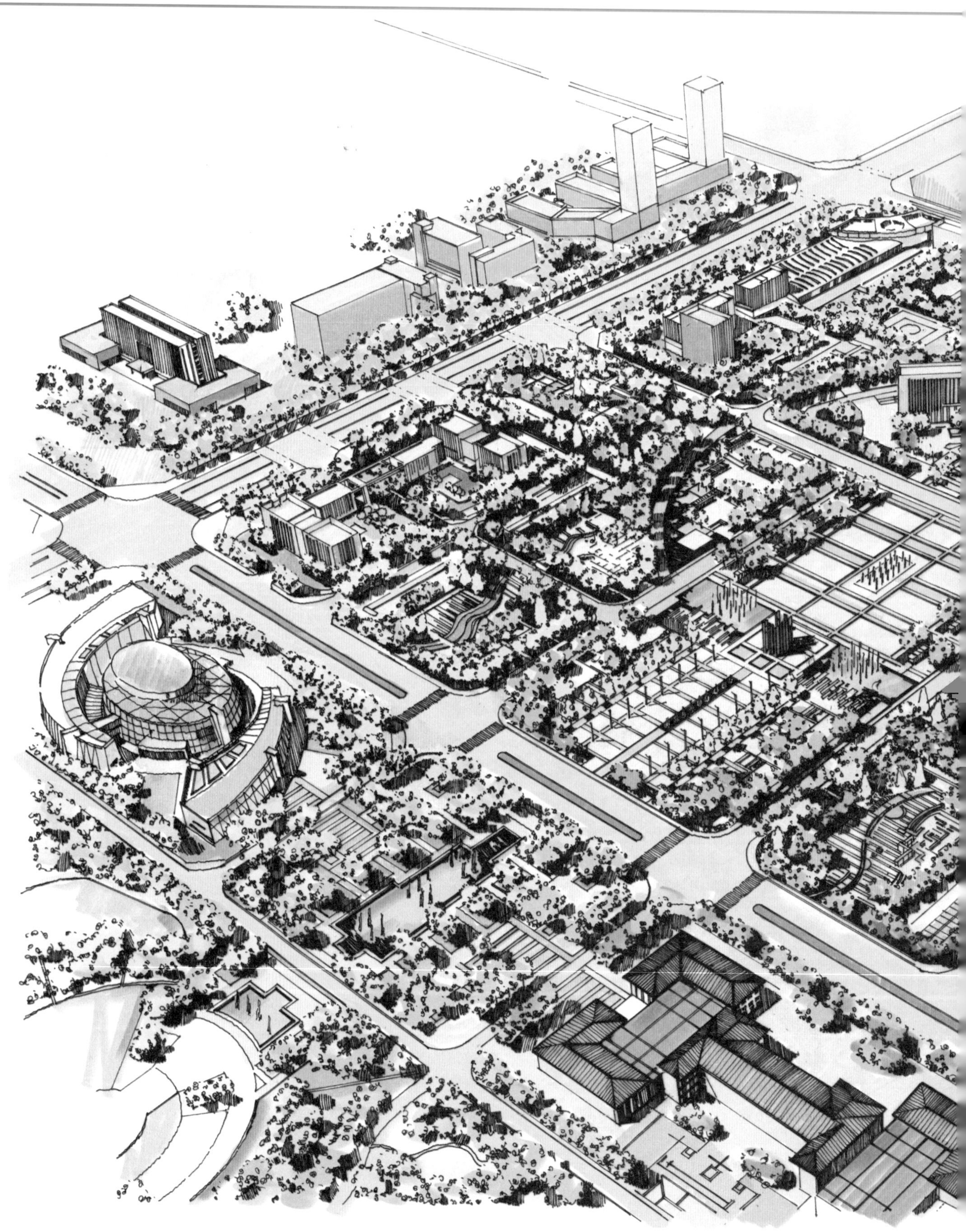

对比可以使画面的视觉效果增强，各个景物元素的自身特点得以鲜明的展示，但片面追求对比，画面会显的杂乱无章。表现图中的对比体现在景物元素的主次、疏密、曲直、繁简、动静、虚实、强弱、聚散等方面；统一则是围绕画面的主景通过强调或者弱化的方式，使其与配景构成协调完整的效果，但仅一味强调统一，又会使整幅图面平庸暗淡，缺乏艺术感染力。对比使得画面丰富，统一使得画面和谐，从统一中寻求变化，在变化中寻求统一，对比与统一在画面中缺一不可。

河南省新乡县行政服务中心景观设计鸟瞰图步骤 2

4.10 山东省鲁北监狱景观规划设计表现图

山东省古为齐鲁之地，世界十大文化名人之首的孔子及其儒家思想就诞生在这里。鲁北监狱位于滨州经济开发区，监狱总占地面积 51.3 公顷，建成后的鲁北监狱将成为滨州市西外环的一个重要节点，临近西外环的湿地公园设计将为西外环增添一道亮丽的风景线。

位于前区的警务管理区以“君子六艺”为线索主题，警务管理区除了用作行政功能外，为干警和武警在紧张的教育监管工作之余，提供休闲放松的场所。绿化景观相对丰富紧凑，一方面衬托监狱庄重的形象，另一方面营造优美轻松、文化浓郁的环境氛围。

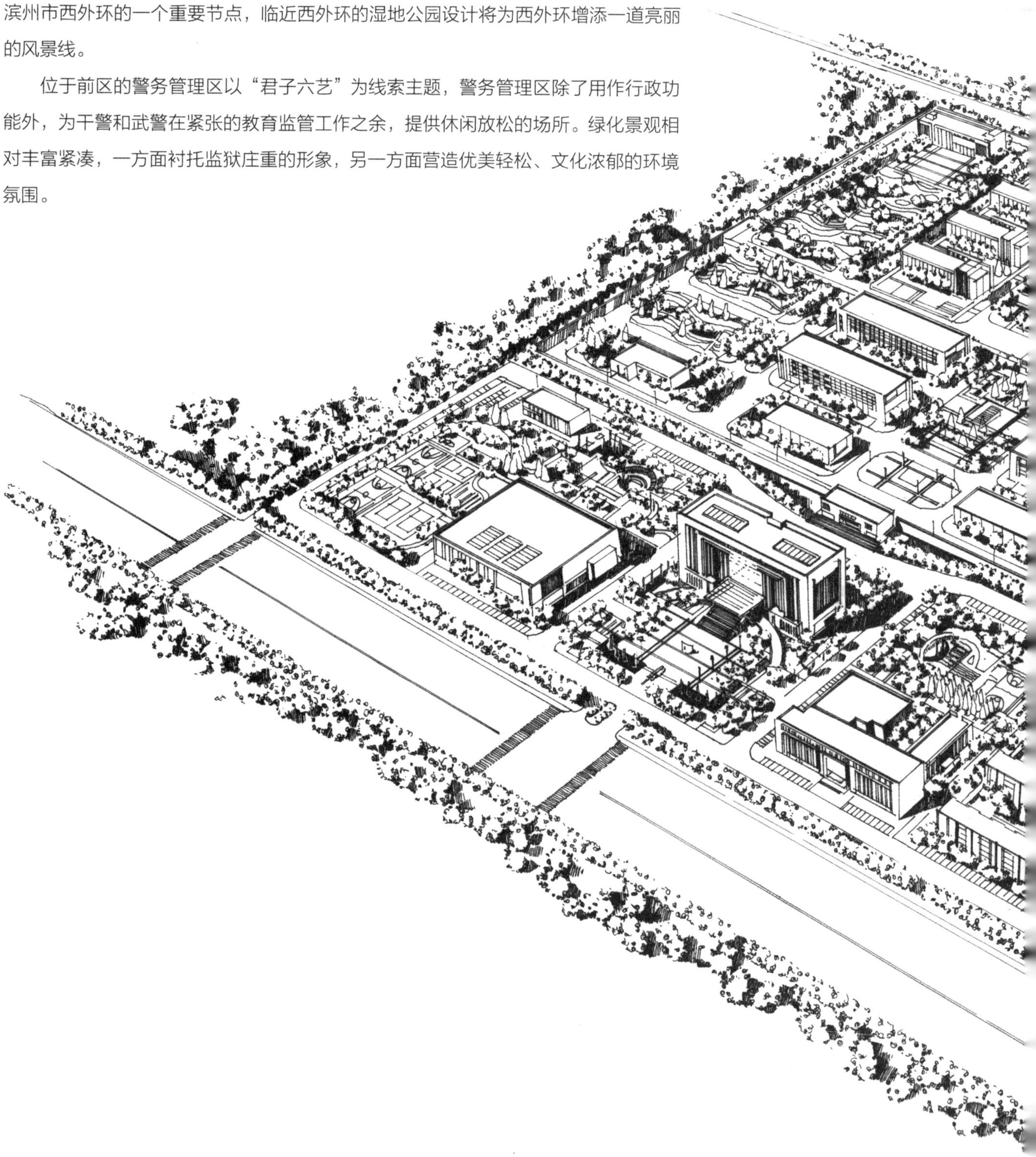

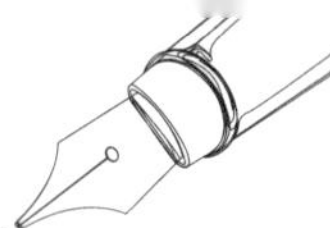

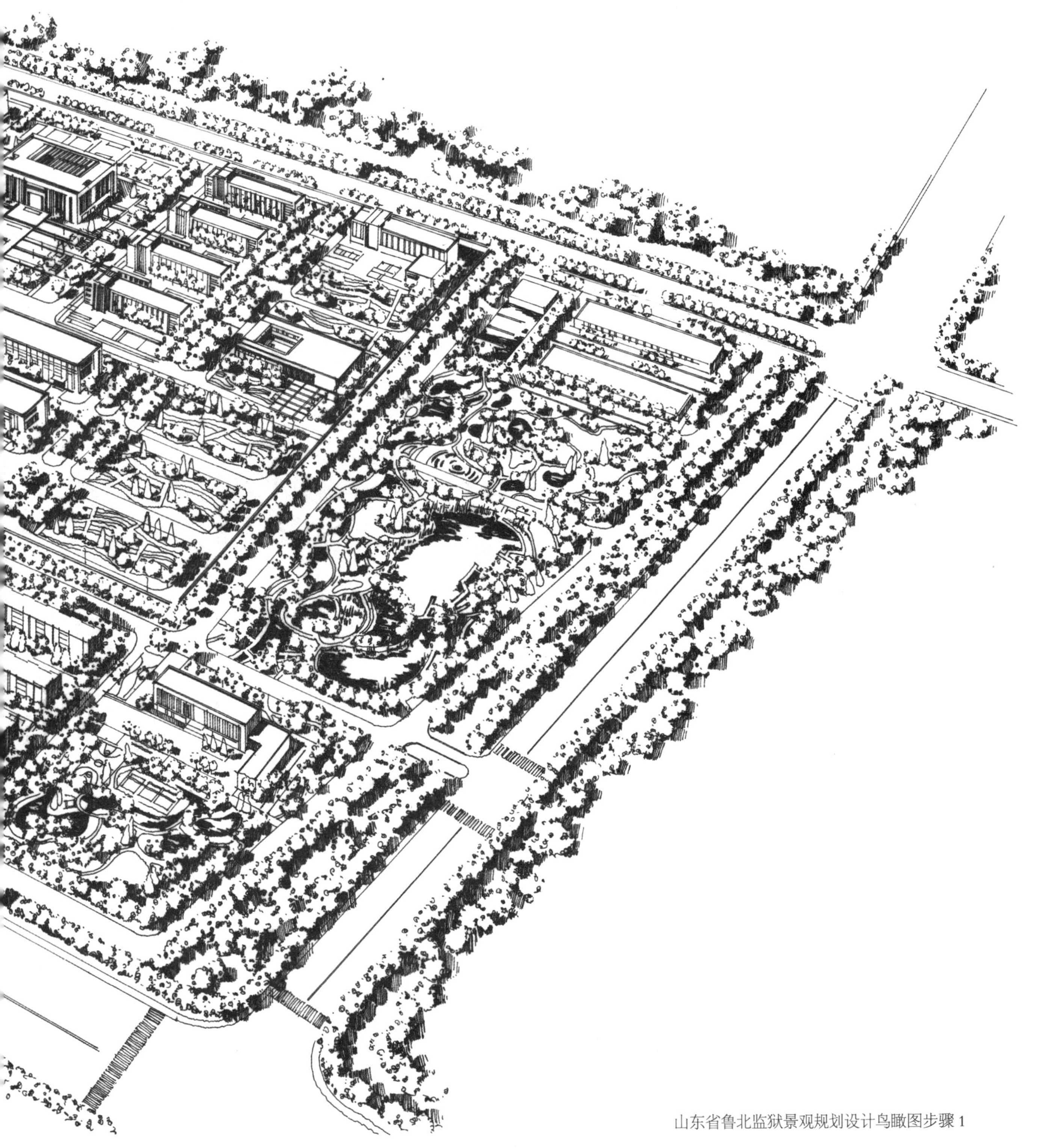

山东省鲁北监狱景观规划设计鸟瞰图步骤 1

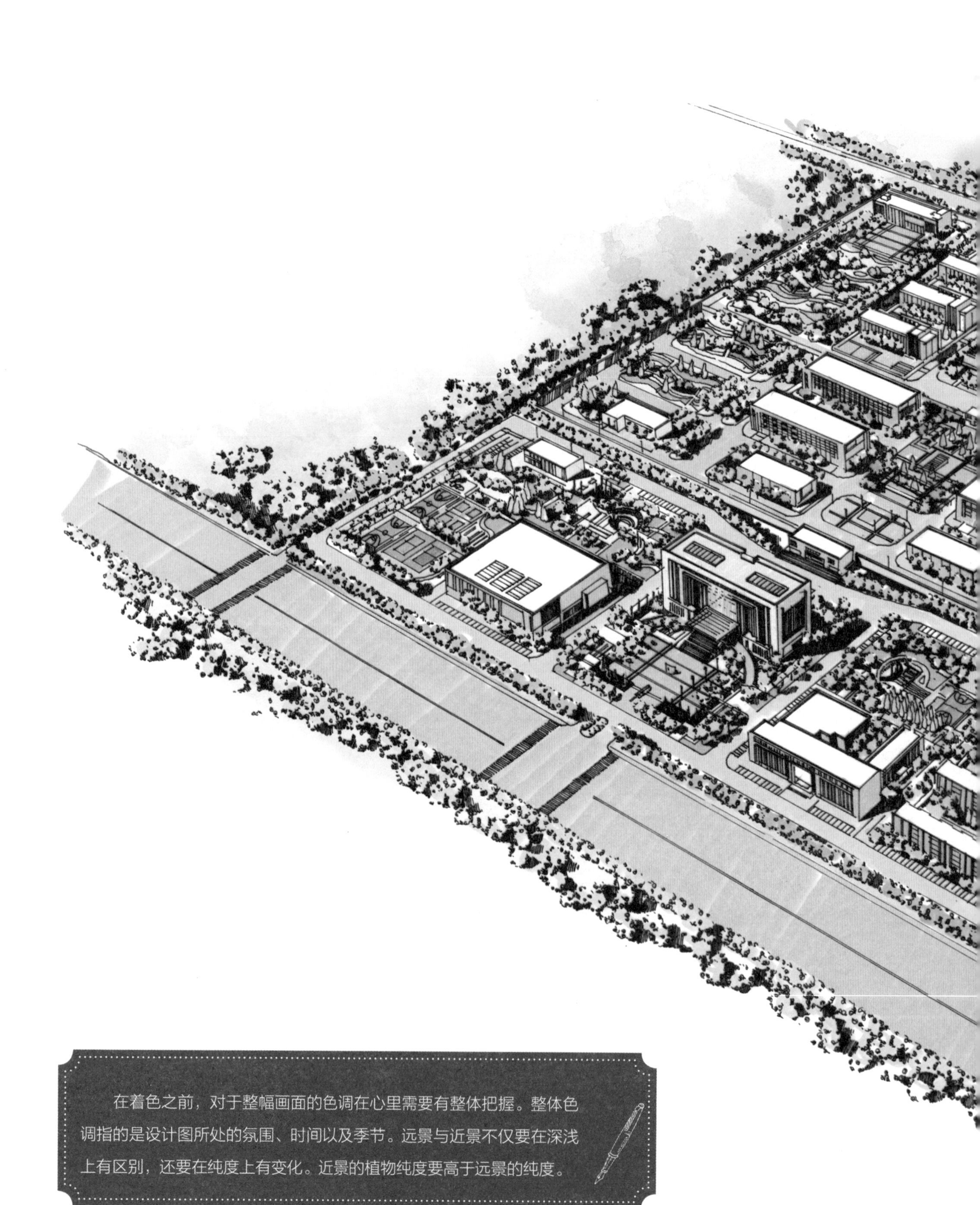

在着色之前，对于整幅画面的色调在心里需要有整体把握。整体色调指的是设计图所处的氛围、时间以及季节。远景与近景不仅要在深浅上有区别，还要在纯度上有变化。近景的植物纯度要高于远景的纯度。

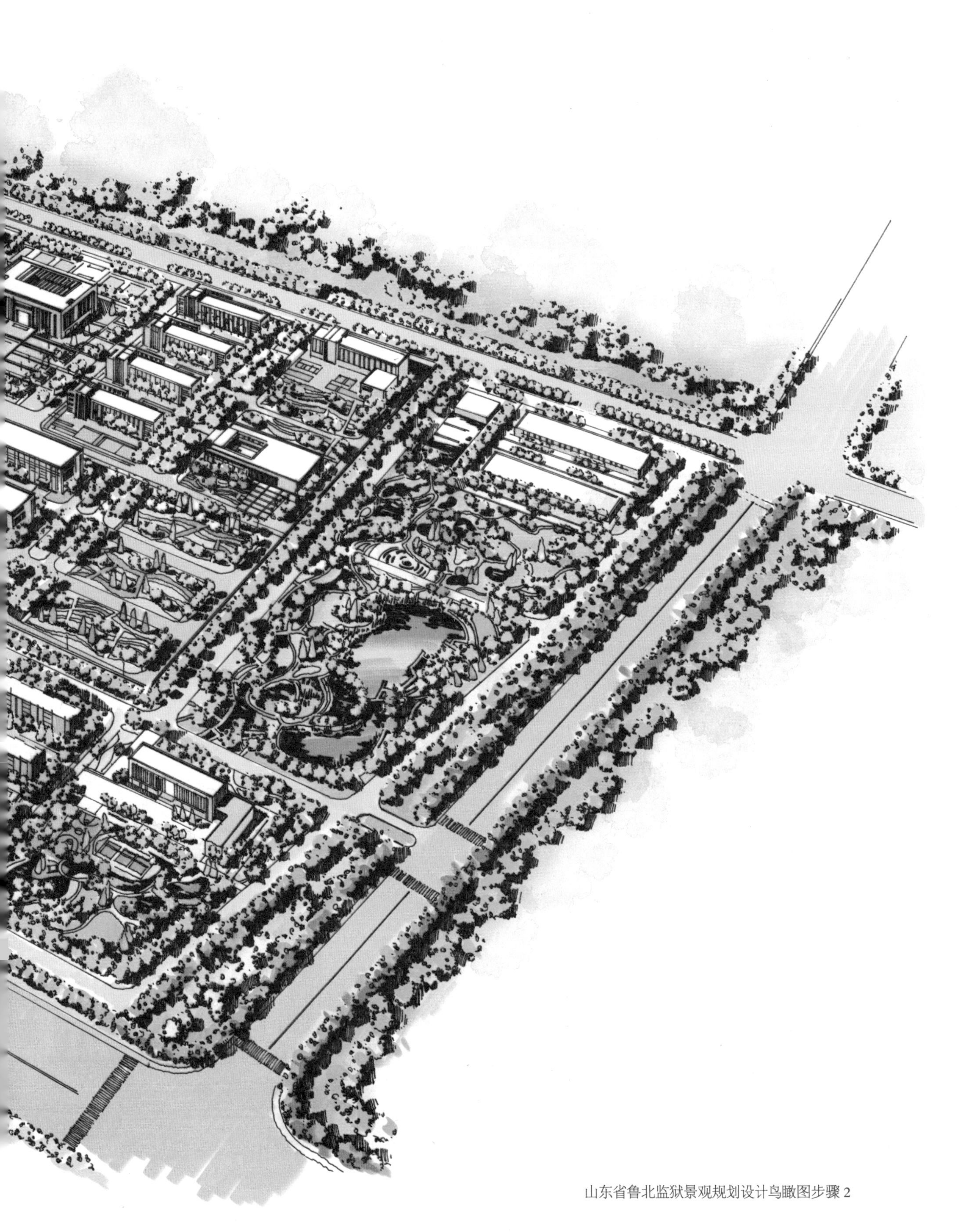

山东省鲁北监狱景观规划设计鸟瞰图步骤 2

设计将位于中区的“罪犯劳动区”的景观融入“善”的思想，营造积极向上、活泼的环境氛围，使犯人在劳动改造过程中增强劳动技能，深化素质修养，提升思想觉悟。同时注重监管安全，绿化通透、开敞。

山东省鲁北监狱景观规划设计透视图（二）

山东省鲁北监狱景观规划设计透视图（一）

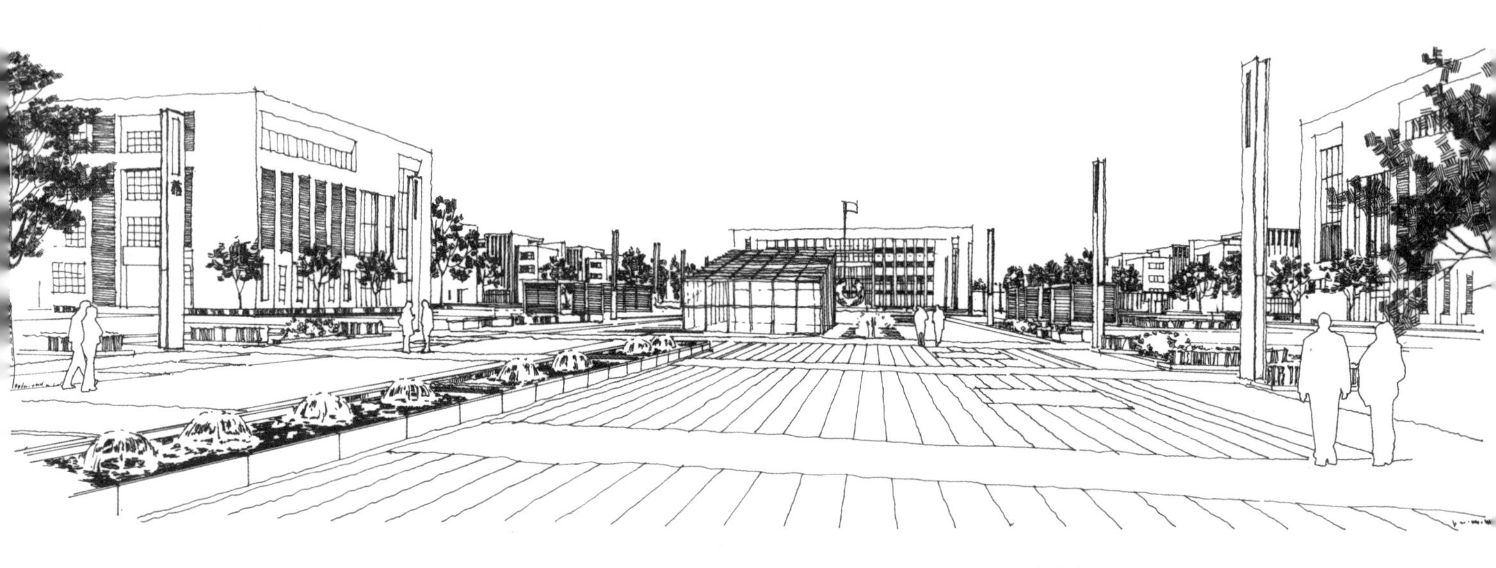

山东省鲁北监狱景观规划设计透视图（三）

山东省鲁北监狱景观规划设计透视图（四）

山东省鲁北监狱景观规划设计透视图（五）

山东省鲁北监狱景观规划设计透视图（六）

雕塑写生（一）

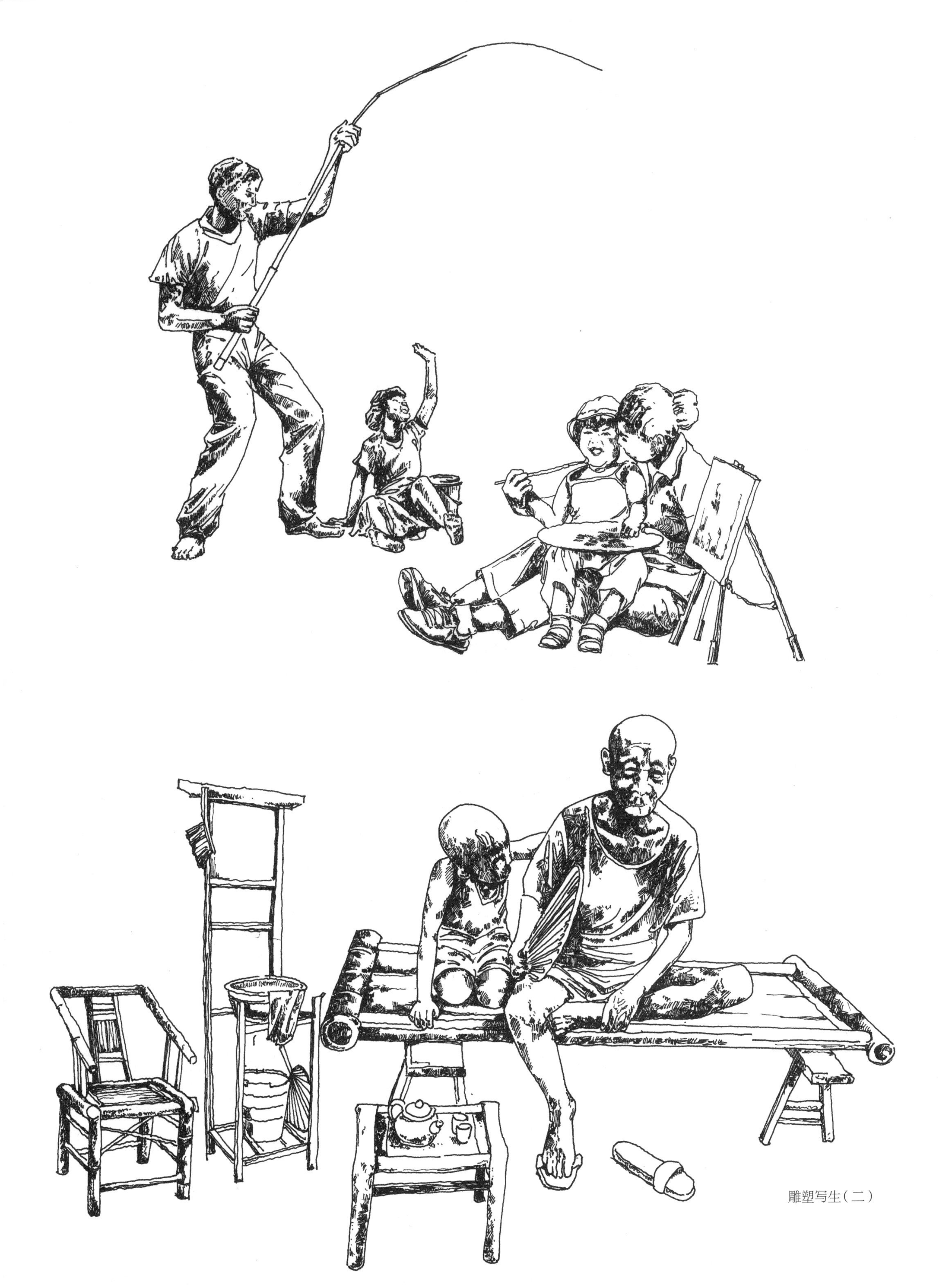

雕塑写生（二）

位于后区的“罪犯监舍区”需注重监管安全，绿化景观保证实现通透，八孝主题园融入儒家文化，营造平和与安静的环境氛围，让犯人在服刑期间能够静心的反思和学习。

位于东部的“生态游园区”注重生态游憩效应，为周边提供生态环保的场地。湿地游园具有污水处理的功能，能成为整个监狱场地的“绿肺”。

山东省鲁北监狱景观规划设计透视图（七）步骤1

山东省鲁北监狱景观规划设计透视图（七）步骤 2

线稿如果画得较为精致，且构图、透视、比例、形体准确，着色即可选取浅色系的马克笔、水溶性彩铅等，整体画面会显得清新淡雅。

4.11 河北省黄骅市天健湖文体公园设计表现图

在刻画细节时，可以用彩色铅笔增加近景草坪的肌理感，注意彩色铅笔不要过于柔和，要有一定的纹理效果。远景的建筑做虚化处理，以衬托前景。

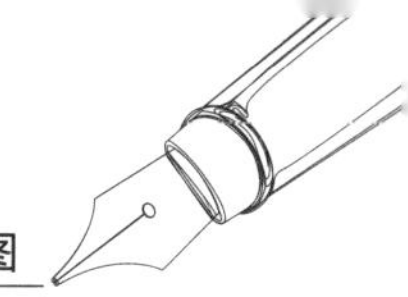

山东省鲁北监狱景观规划设计透视图（八）步骤 2

山东省鲁北监狱景观规划设计透视图（八）步骤 1

整体园区景观设计表现后工业时代景观形态特点，有机的曲线、曲面和景观形态突出表现广场的平面与空间的后工业时代造型特点，强调整体性、流线与有机形态，使之成为未来黄骅现代化城市的一个独特前卫的地标景观。

曲线、曲面广场铺装采用透水地面的做法，既创造良好的小气候、补充地下水，又便于施工；景观湖底适当加深，增强水体自净能力；植物选择当地植物物种，体现植物多样性设计，特别是人工湿地和喷泉、跌水的设计，不仅满足景观需求，同时也能对水体起到净化的作用。

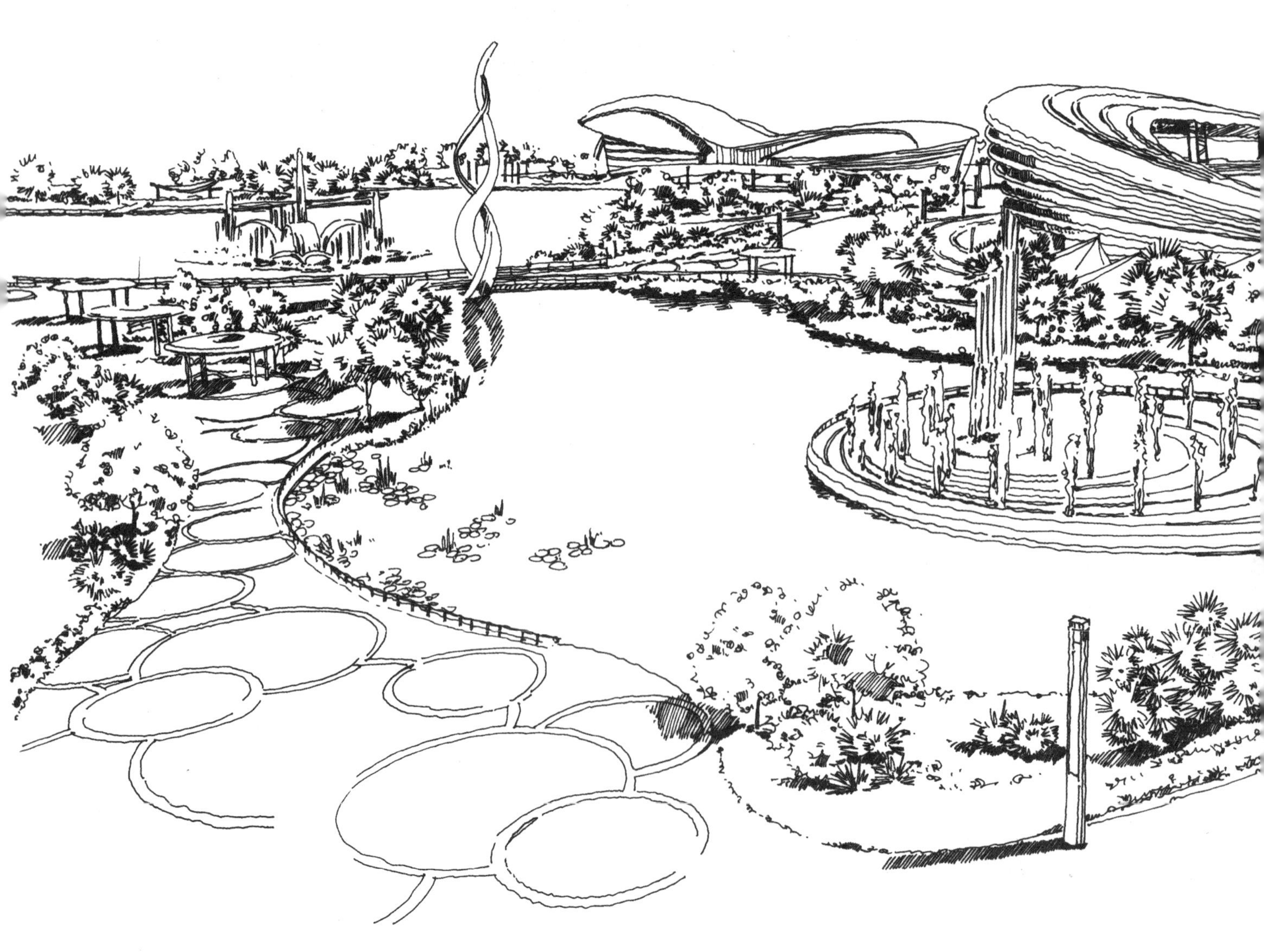

黄骅市天健湖文体公园设计透视图步骤 2

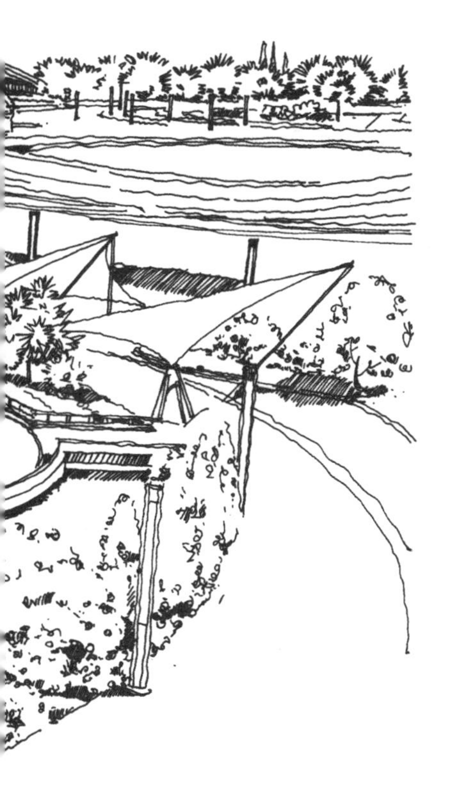

黄骅市天健湖文体公园设计透视图步骤 1

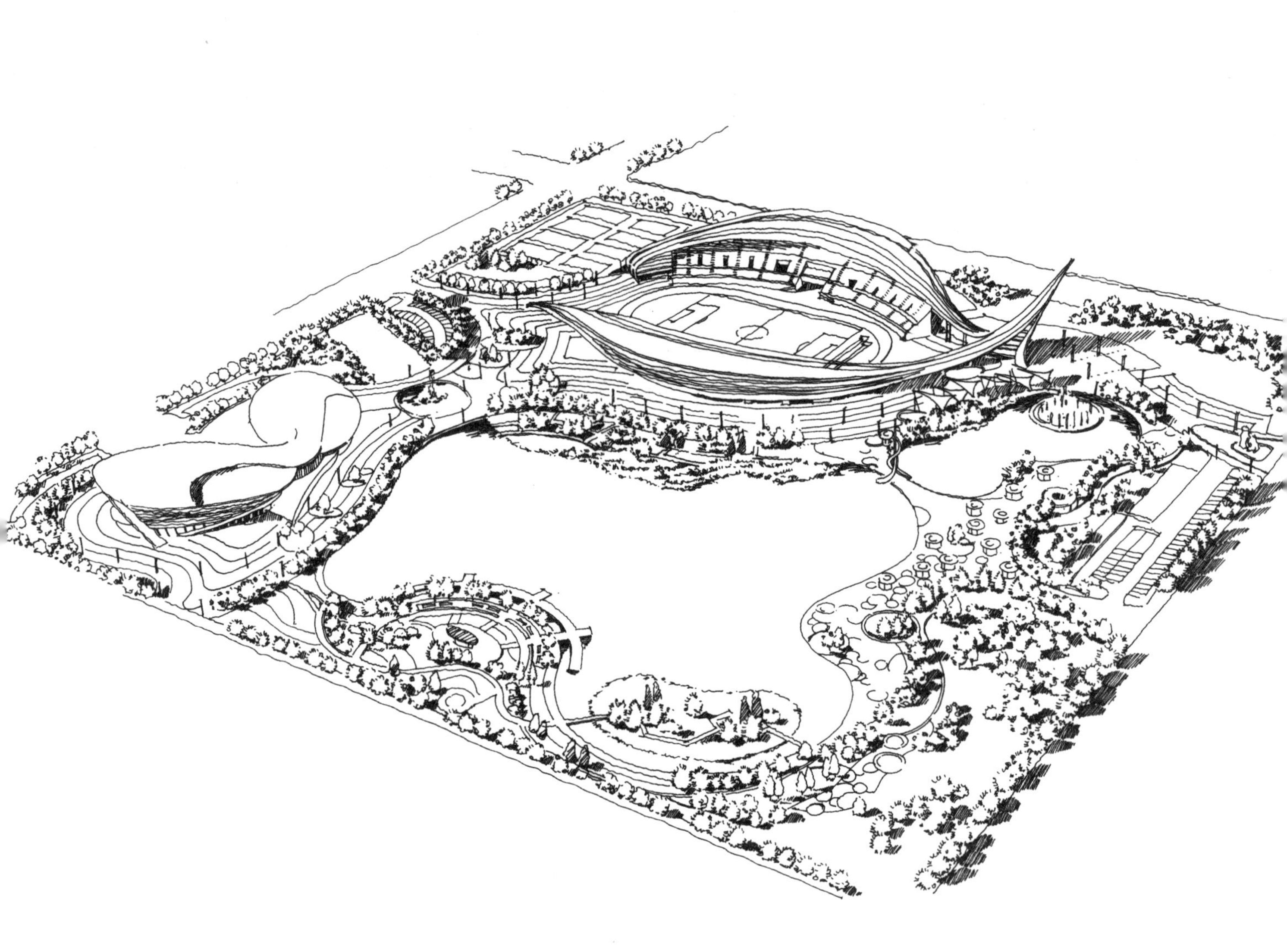

黄骅市天健湖文体公园设计鸟瞰图步骤 1

表现图视角为鸟瞰，流畅富于变化的长线条展现完善有序、层次分明的游园路线；游线结合形式不同的观景平台，将各景点有序连接，形成回转、流畅的观景系统，钢笔线条的合理组织，表现出公园内景物的明暗关系、光影效果和空间层次。

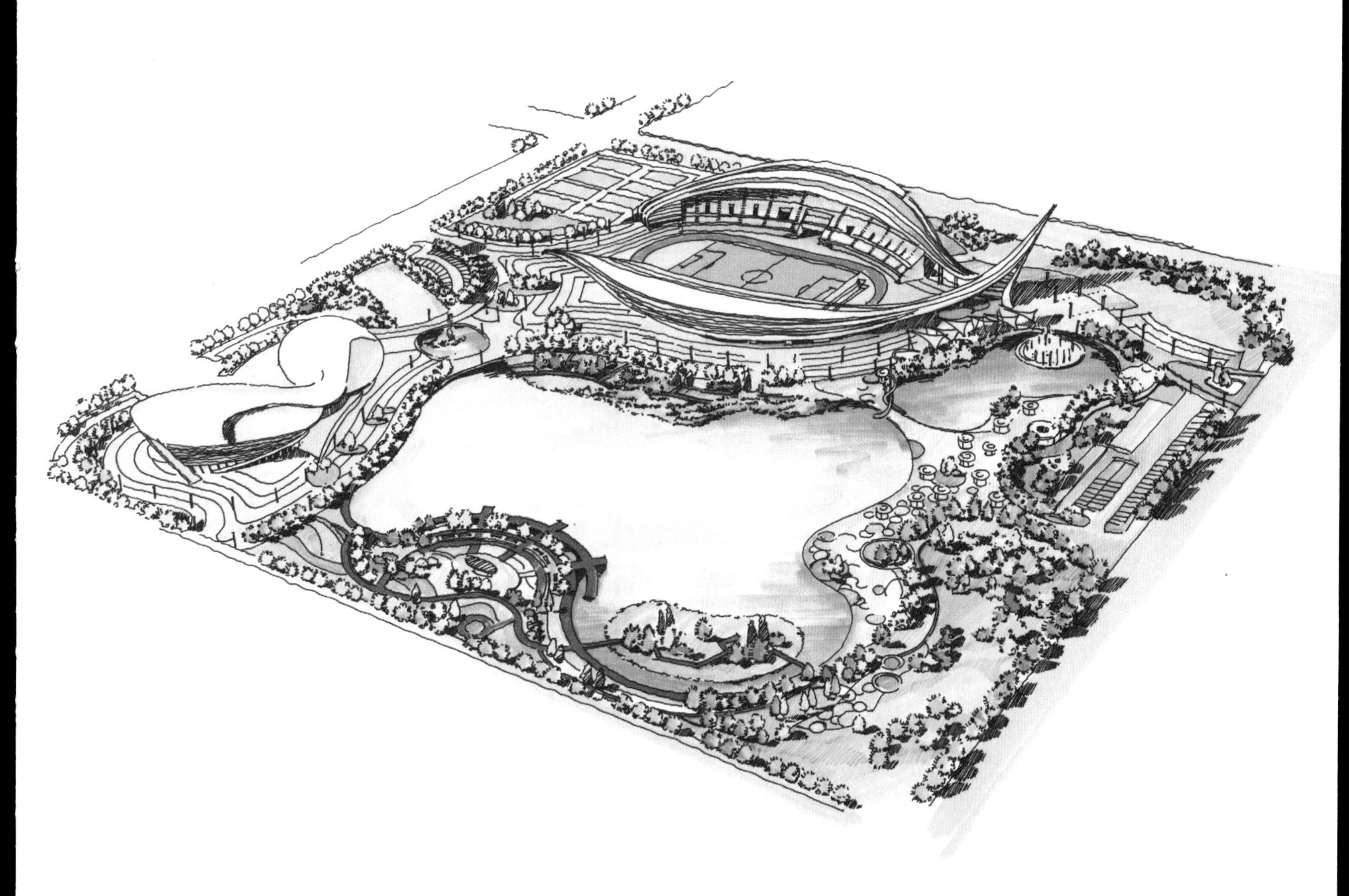

黄骅市天健湖文体公园设计鸟瞰图步骤 2

4.12 天津市蓟县山场景观规划设计表现图

项目位于蓟县，园区内林木森蔚，花草缤纷，诗情画意，美不胜收，各景点清新雅致，折射出浓郁的文化氛围；园内空间层层递进，层次丰富，富于变化，注重精致小尺度景观设计，源于自然而高于自然，以咫尺的面积创造出无限的空间。景观设计通过把握其在文化、生态等方面更为深层的协调关系，结合场地实际情况，使得设计与地形变化相结合，经过统筹安排，随势置景，起伏错落，为人们提供和谐、时尚的交流空间。

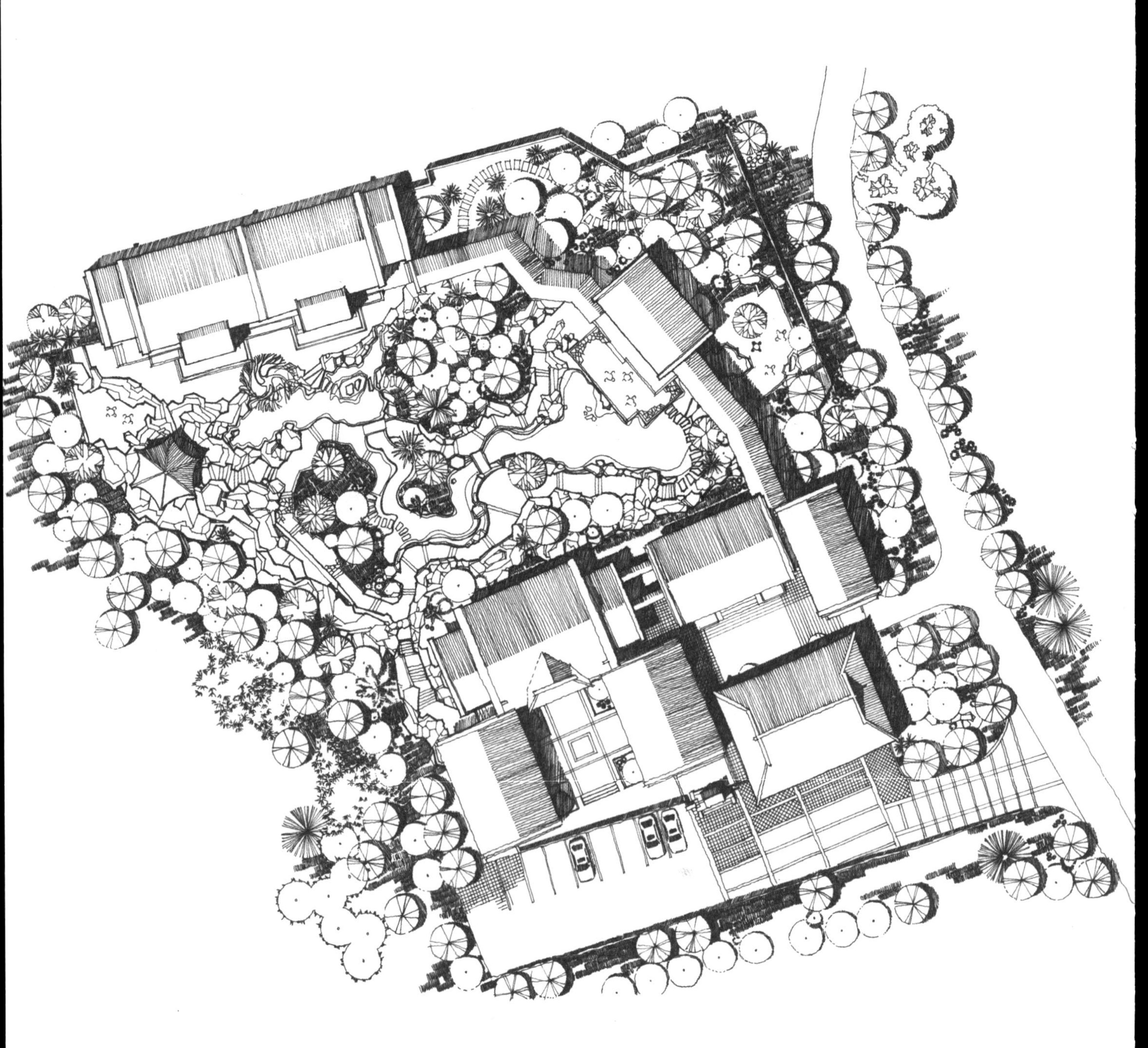

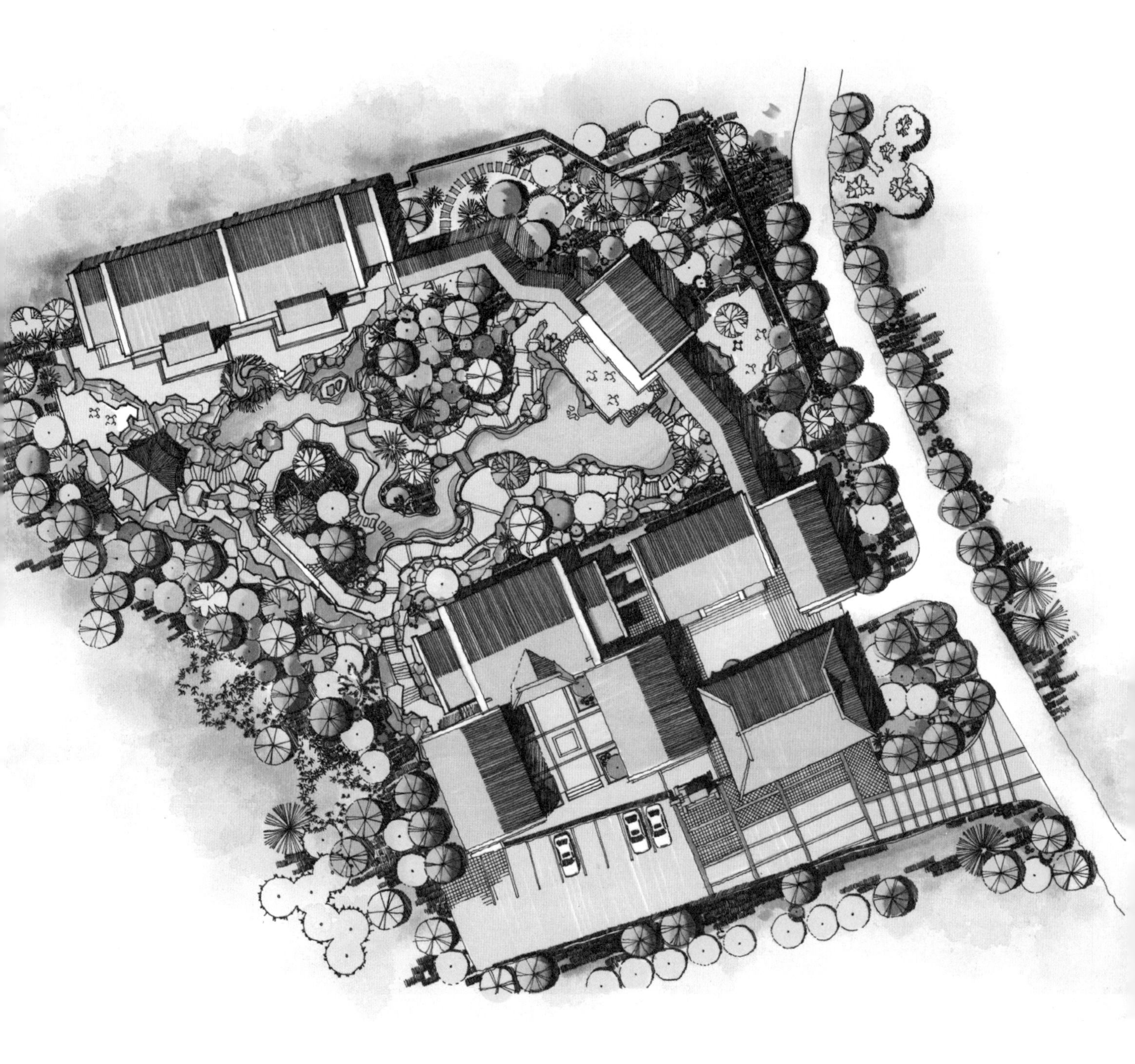

蓟县山场景观规划设计平面图

4.13 海南省文昌市文昌公园景观设计表现图

文昌市是海南省乃至全国有名的文化之乡、华侨之乡。文昌公园位于海南省文昌市文城镇文新南里与东风路交汇处。改造在保留文昌公园原有历史文化景点的基础上进行扩展与延续，重新规划公园轴线，以时代脉络连接保留景观建筑，形成历史文化延续的景观廊道。

文昌公园景观设计鸟瞰图

图中表现的为文昌公园的鸟瞰视角，表现图采用椰树及棕榈等南方代表性植物强调公园的地域性特征，草坪的阴影效果烘托出公园主轴线，以区分出不同景物元素的质感；各种植物富于变化的轮廓线弱化游园路线的边缘；由于园内椰树较多，表现图注重将各个椰树的姿态描绘出变化的效果，避免雷同，增添画面的生动性与真实性。

改造在保留文昌公园原有历史文化景点的基础上进行扩展与延续，重新规划公园轴线，以时代脉络连接保留景观建筑，形成历史文化延续的景观廊道。

文昌公园景观设计透视图步骤 1

文昌公园景观设计透视图步骤 2

在同一环境下，整体与局部之间必然相互影响、相互作用，是和谐统一的。因此，在绘制过程中，作者的视线要不断从局部到整体，再从整体到局部，统一中求变化，兼顾画面整体的完整性与局部的生动性。

4.14 海南省文昌市八门湾商业街景观设计表现图

八门湾红树林是海南省著名的红树林景观之一，有“海上森林公园”之美称。本项目将头苑镇通往红树林景区的街道赋予风情商业街主题定位，在充分体现地域和民俗风情，发掘自然环境资源优势的基础上，体现多元性与包容性。商业街经营方式以居民自主经营为主，从而使当地居民成为最大的利益主体。通过吸引景区游客在此处驻足消费，带动地方经济。

透视图描绘的为海南省文昌市头苑镇八门湾商业街的场景氛围，植物配置选取南方植物的典型代表椰树，以此来突出展现项目的区域位置，并采取夸张的比例关系强调椰树的特点。

八门湾商业街景观设计透视图步骤 2

八门湾商业街景观设计透视图步骤 1

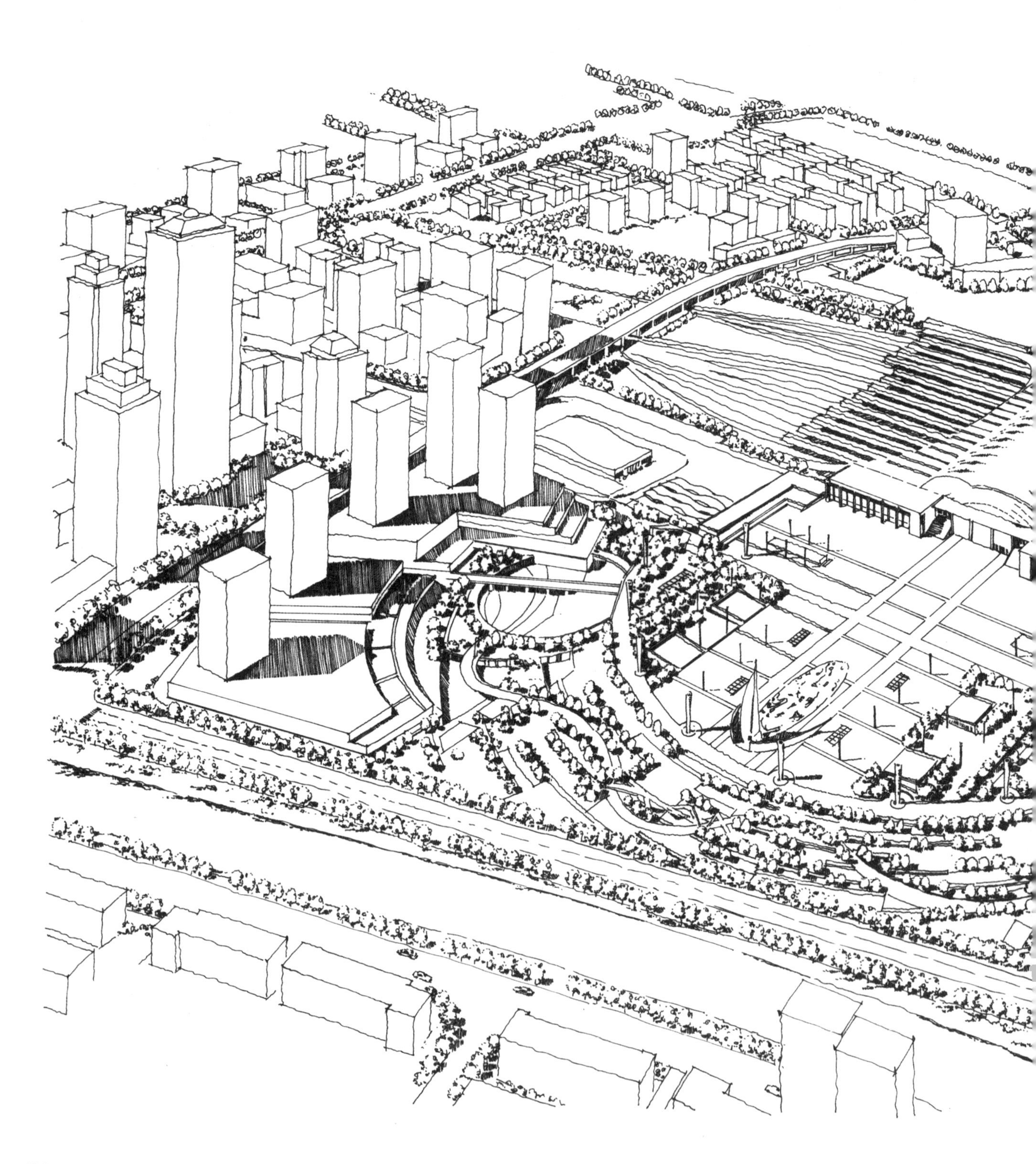

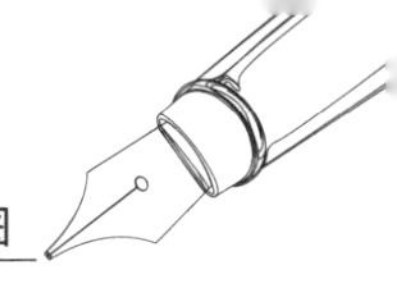

4.15　天津市西站南北广场景观设计表现图

天津市火车西客站位于天津市西北部，是天津对外交通的门户地区，同时也是市内重要的综合交通枢纽。

作为出站广场的延伸，开阔的广场空间成为城市的标志性景观，由一字型站房延伸出来的中轴线上，伫立着广场的主雕塑。主雕塑以作为港口城市而发展起来的天津为主题，其创意来源于“扬帆”的造型，以隐喻天津作为渤海湾的一颗明珠，日趋蓬勃发展之意。主雕塑下面为地下空间入口，可由此进入地下二层交通中转空间。广场以对称的形式布局，中轴线两侧林立的景观灯柱、大面积的绿化草坪、明亮的采光入口和弧形的景观通廊，一起打造舒适、和谐、空间序列简洁明快的景观广场。

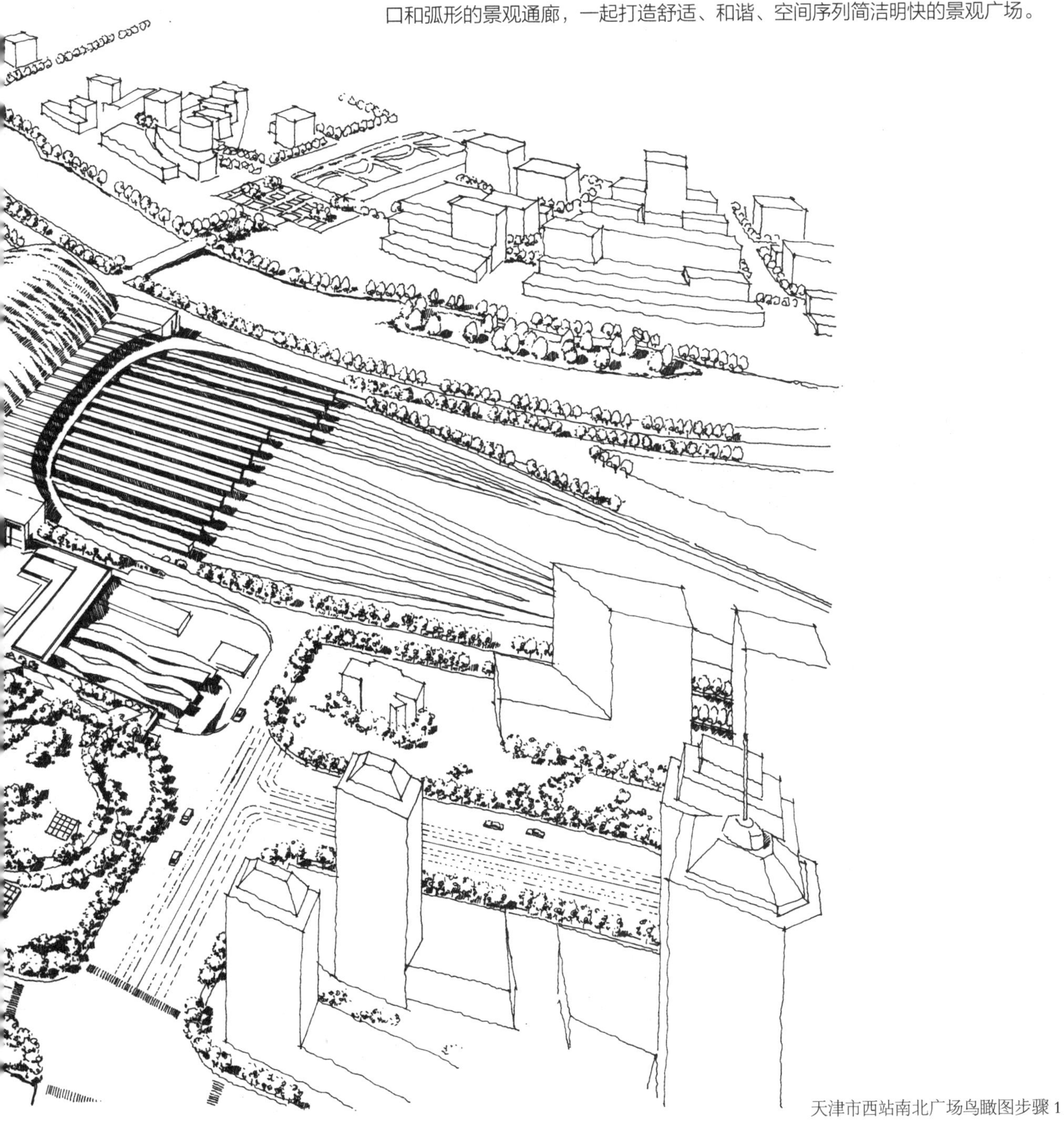

天津市西站南北广场鸟瞰图步骤 1

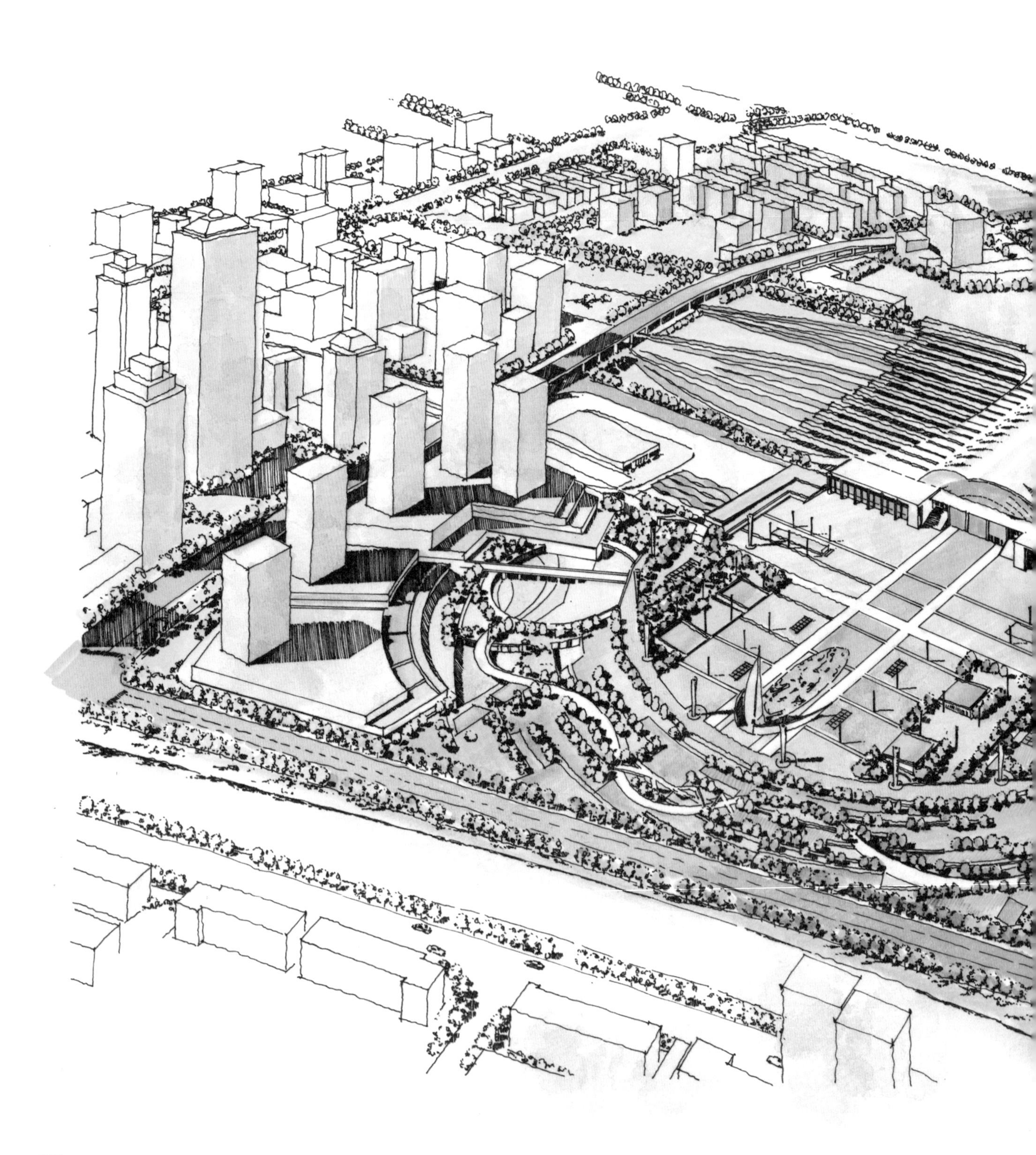

景观道路采用轻快灵动较为活跃的长线条，并用行道树强调出其走势；线条的合理组织，表现出景物的明暗关系、光影效果和空间层次；注重整体的协调性，避免拘泥于细节；画面通过线条的粗细、曲直、长短、疏密等方法来表现丰富的色阶。手绘表现图不仅展现设计效果，而且诠释出设计者的情感并以此与观众交流，感染观赏者。

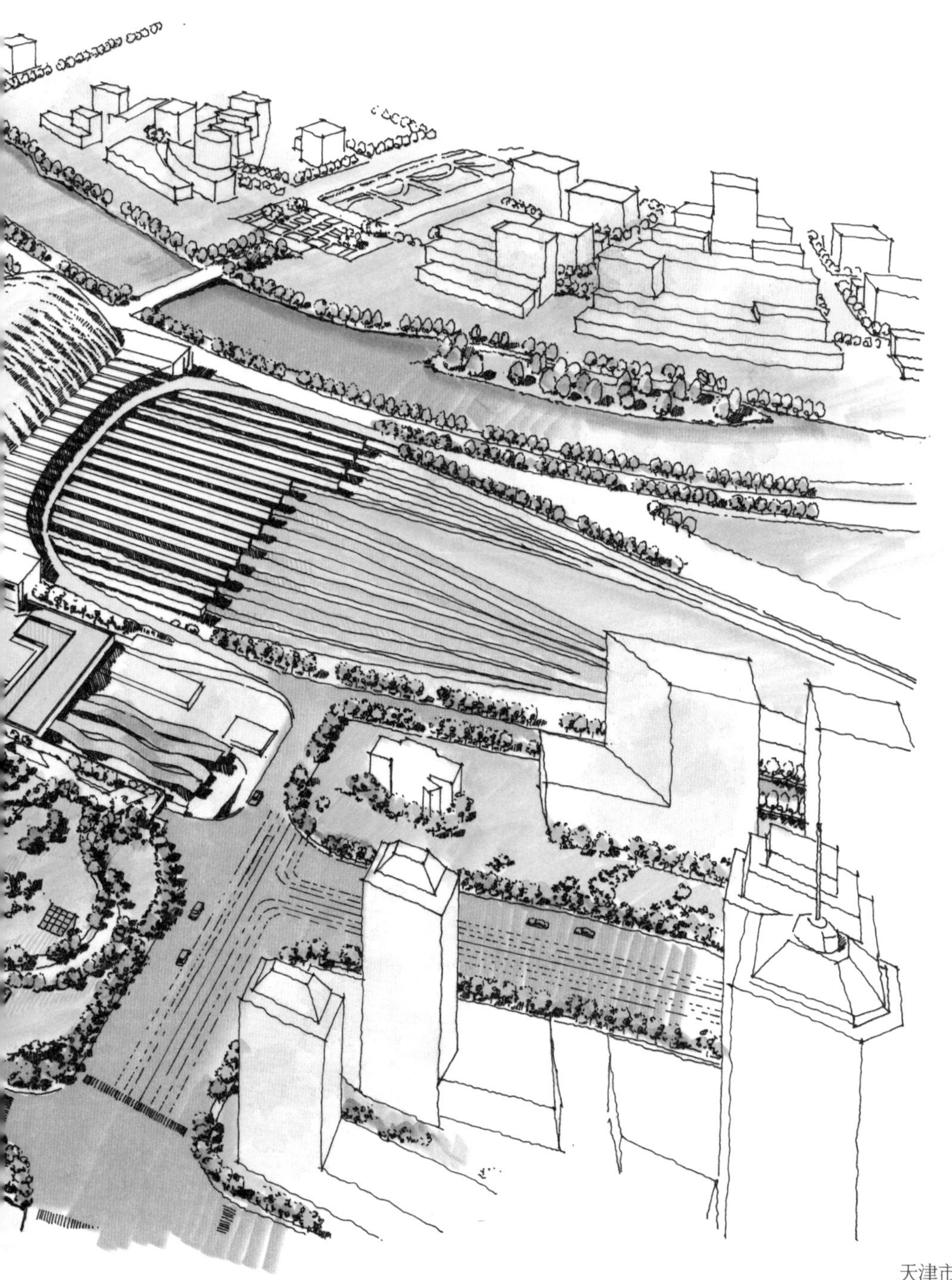

天津市西站南北广场鸟瞰图步骤 2

4.16 天津市滨海委办公楼内庭院景观设计表现图

滨海委办公楼内庭院，丁方寸之地秉承中国传统园林“曲径通幽”的意向。

假山叠石虽为入园障景，但由于角度适当且留有空隙，游人既可以在此驻足观荷花游鱼，又使园景“有透有漏”，增加了空间层次感。被称为传统四合院“户外客厅”的葫芦藤架，设于餐厅外侧，藤架下有条凳可供休息停留，由耐盐碱的落叶乔木和花灌木围合的圆形休息区正是“花荫烹茶”之处，树下设有供游人使用的天然石桌石凳。内庭院的主路似为一朵环形的“海棠花”，“之”形小路设于庭院中部，通过三个方向的出口与主路相连。主路一侧设置传统石灯；另一侧布置石凳，既可小憩，亦可当作放置盆景的石台。

表现图对庭院中的主景要不惜笔墨，对配景要大胆省略，使表现图有中心思想，进而能够给人一种极强的视觉张力。表现图根据对线的粗细、疏密、虚实、曲直组织画面，诠释景物元素的形体、空间层次、光影变化及质感。此外，线条的松紧尤为重要，在绘图时，要处理好疏密关系，使线形之间的关系做到恰到好处的夸张，有益于空间的转换和空间层次的递进。画面中的景物的光影、明暗都是由光的照射产生的，所以光影的方向要具有一致性。

滨海委办公楼内庭院鸟瞰图步骤 1

滨海委办公楼内庭院鸟瞰图步骤 2

滨海委办公楼内庭院鸟瞰图步骤 3

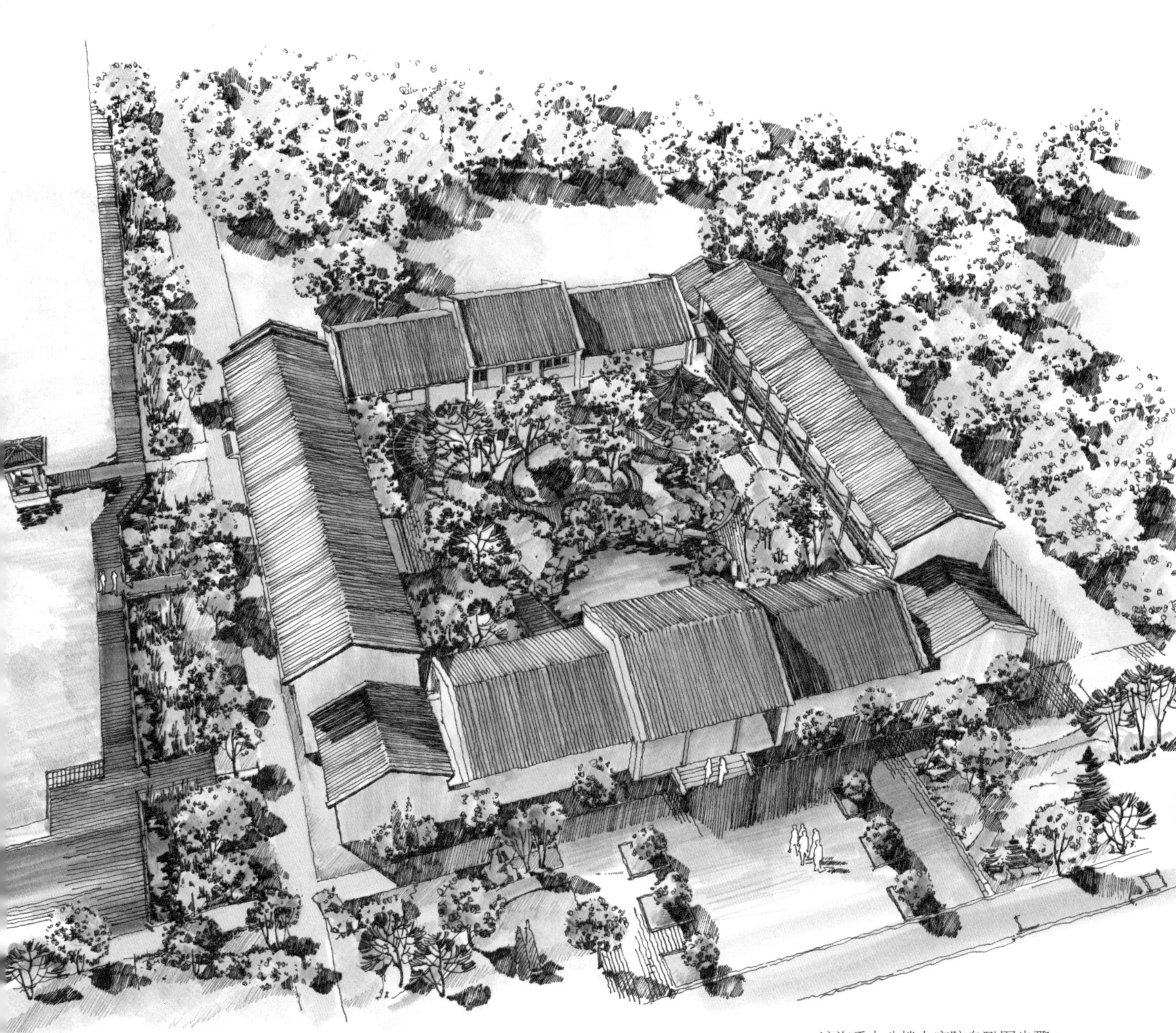

滨海委办公楼内庭院鸟瞰图步骤 4

4.17 风景写生

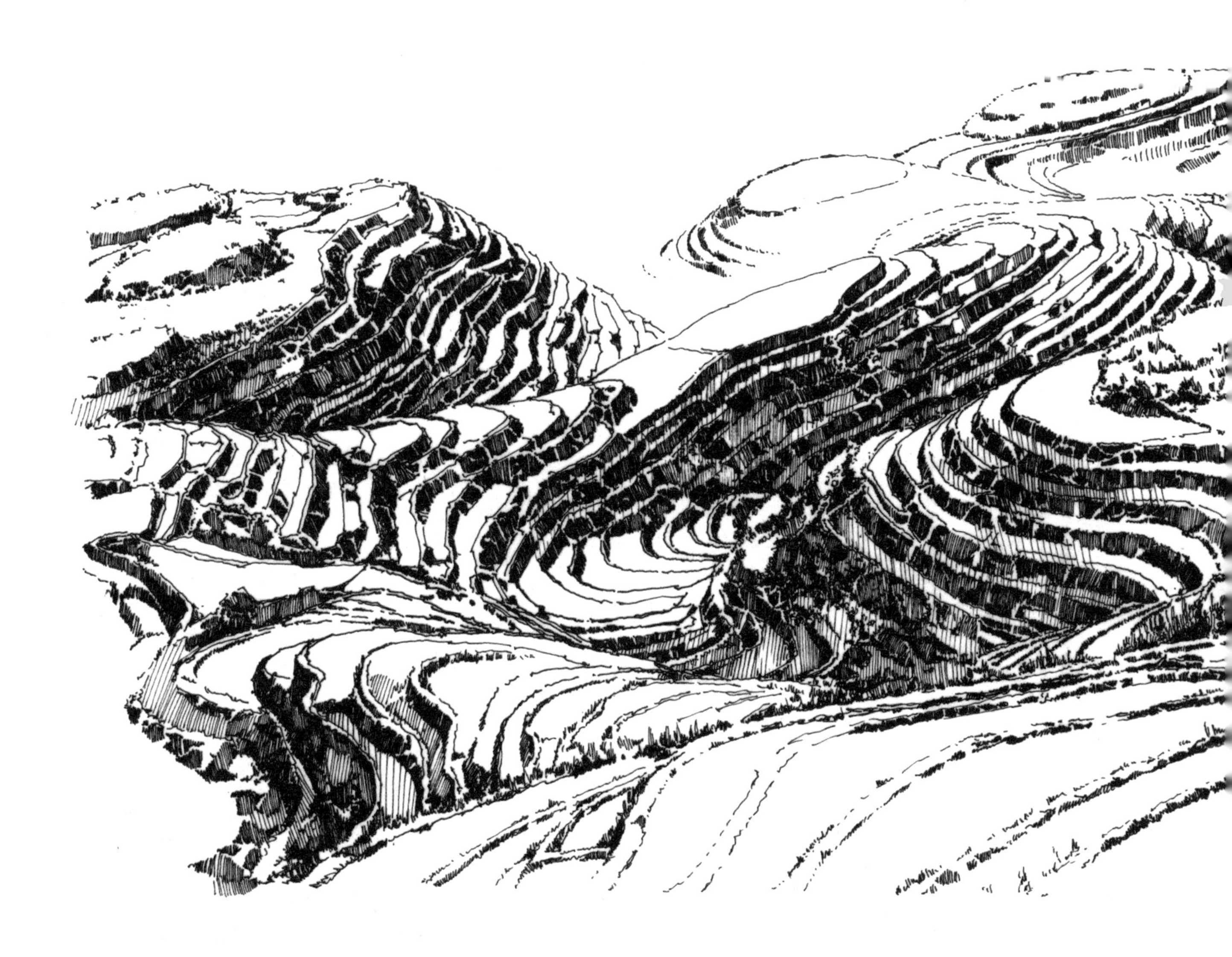

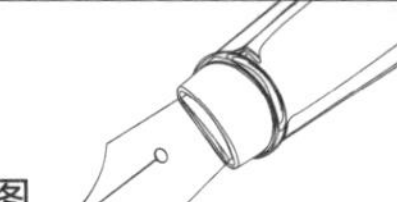

参考文献:

席丽莎 . 创意 · 表现景观设计徒手画［M］. 天津：天津大学出版社，2013.

曹磊，王焱 . 曹磊教授工作室景观作品集［M］. 天津：天津大学出版社，2012.

钟训正 . 建筑画环境表现与技法［M］. 北京：中国建筑工业出版社，1985.

安怀起 . 王志英，绘图 . 中国园林艺术［M］. 上海：上海科学技术出版社，1986.

图书在版编目（CIP）数据

景观设计钢笔画教程 / 席丽莎，曹磊著．-- 南京：江苏凤凰科学技术出版社，2015.7
ISBN 978-7-5537-4650-0

Ⅰ．①景… Ⅱ．①席… ②曹… Ⅲ．①景观设计－钢笔画－绘画技法－教材 Ⅳ．① TU986

中国版本图书馆 CIP 数据核字（2015）第 124698 号

景观设计钢笔画教程

著　　者　席丽莎　曹　磊
项目策划　凤凰空间/高雅婷
责任编辑　刘屹立
特约编辑　崔　璨

出版发行　凤凰出版传媒股份有限公司
　　　　　江苏凤凰科学技术出版社
出版社地址　南京市湖南路1号A楼，邮编：210009
出版社网址　http://www.pspress.cn
总 经 销　天津凤凰空间文化传媒有限公司
总经销网址　http://www.ifengspace.cn
经　　销　全国新华书店
印　　刷　河北新华第二印刷有限责任公司

开　　本　889 mm×1 194 mm　1/16
印　　张　9
字　　数　72 500
版　　次　2015年7月第1版
印　　次　2024年4月第2次印刷

标准书号　ISBN 978-7-5537-4650-0
定　　价　49.00元